高职高专规划教材

单片机测控技术

童一帆　张武坤　编著

北京航空航天大学出版社

内容简介

"单片机控制技术"是综合运用单片机原理与接口技术和传感器应用技术的课程，是高职高专院校电子信息、机电一体化等专业重要工具课程。本书是作者在多年从事单片机技术应用的基础上，按照"够用、新颖、实用"的原则组织编写的。主要介绍了单片机控制系统应用所需的基本知识，所附实例为作者在科研实践和教学中的实际应用，其中第1章为单片机结构、分类以及发展趋势；第2、3章为模拟量输入、输出信号的转换、滤波、放大及其应用实例；第4、5章为开关量和数学信号的调理电路以及与单片机的连接应用；第6章为显示器和键盘接口电路。本书内容详实，脉络清晰，难度适中，实用性强，力求为单片机初学者提供更多的相关知识。

本书既可用作高职高专院校电子信息、机电一体化、电气控制、计算机等专业的教材，也可作为工程技术人员的参考资料。

图书在版编目(CIP)数据

单片机测控技术/童一帆，张武坤编著. —北京：北京航空航天大学出版社，2007.8

ISBN 978-7-81124-231-7

Ⅰ.单… Ⅱ.①童…②张… Ⅲ.单片微型计算机—自动检测系统—高等学校:技术学校—教材 Ⅳ.TP368.1

中国版本图书馆CIP数据核字(2007)第126920号

©2007，北京航空航天大学出版社，版权所有。
未经本书出版者书面许可，任何单位和个人不得以任何形式或手段复制或传播本书内容。侵权必究。

单片机测控技术
童一帆 张武坤 编著
责任编辑 冯 颖
*
北京航空航天大学出版社出版发行
北京市海淀区学院路37号(100083) 发行部电话:(010)-82317024 传真:(010)-82328026
http://www.buaapress.com.cn E-mail:bhpress@263.net
北京时代华都印刷有限公司印装 各地书店经销
*
开本:787 mm×960 mm 1/16 印张:8.5 字数:190千字
2007年8月第1版 2007年8月第1次印刷 印数:4000册
ISBN 978-7-81124-231-7 定价:16.00元

前　言

单片机控制技术是融计算机技术与控制技术为一体的综合性工程技术，是机电类信息类专业必不可少的专业课。其先修课程为《模拟电子技术》、《数字电子技术》和《MCS－51 单片机原理与接口技术》。

当前教材市场中适合职业教育的书比较少，内容也有些陈旧。大多沿袭本科的教学内容，理论性的内容偏多，数学模型的运算较多，这些与高职高专的教学特点不符。因此，我们迫切需要适合高职高专学生特点的实用性教材。

本书面向 21 世纪人才培养的需求，具有鲜明的时代气息与高职高专特色。全书以教育部提出的高职高专教育"以应用为目的，以必需、够用为度"的原则，由浅入深，硬软融合，前后呼应，立足于对学生实践能力和创新精神的培养。本书在编写过程中力求做到内容简洁，实用新颖，叙述简明扼要，注重培养学生的实用技能，减少理论概念与数学推导，突出工程实用的接口电路与简洁易懂的程序软件。

作者在多年来高职高专的教学研究和工程实践经验的基础上，并参阅了部分相关资料，归纳、总结而成了这本适合于职业教育的教材。

本书以新型单片机系列为主线，阐述了其控制技术及应用系统，全书共分 6 章：第 1 章概要介绍了单片机控制系统的基本概念、结构组成、系统分类以及发展方向；第 2～6 章分别介绍了单片机控制系统的硬件电路及其软件，包括单片机控制系统的模拟量与数字量的输入/输出通道、显示器与键盘接口技术。

全书由石家庄职业技术学院童一帆副教授担任主编，编写第 3 章和第 5 章；张武坤副教授担任副主编，编写第 1 章、第 2 章和第 4 章；张冰编写第 6 章。

由于编者水平有限，书中不足之处在所难免，敬请各位同行与读者批评指正。

作　者

2007 年 6 月

目　录

第1章 概述

1.1 单片机控制应用及构成

单片机控制技术及应用是计算机技术、自动控制技术以及通信网络技术在单片机控制系统领域中的综合应用技术，是以单片机为核心部件的过程控制系统和运动控制系统。从计算机应用的角度出发，自动控制是其一个重要的应用领域；而对于自动控制领域来说，单片机技术又是一个主要的实现手段。

单片机控制技术及应用的研究对象是单片机控制系统。下面举一个简单的例子来说明什么是单片机控制系统。

今天，室内空调中“嵌入了单片机”已是常识。这里所用的单片机所进行的最基本的控制，是根据各种不同的输入信号及空调的当前状态，通过指令打开或关闭继电器所实现的开、关控制。在图1.1中示意地画出了嵌入室内空调中的单片机将什么信号作为输入信号，并将输出信号(控制信号)送至何处，以及该空调所具有的一些功能。在这里，单片机的基本工作首先是将从室温传感器测得的温度值与设定的室内温度值相比较，根据比较的结果决定是接通还是断开空调中空气压缩机(或加热器)的电源。除此之外，通过单片机控制还可以实现其他一些功能。例如：如果将空调的模式选择开关选至“就寝模式”上，单片机就会在空调定时器运行1 h之后，自动将室温控制在比设定值高3 ℃(暖风时降低5 ℃)，这是使人睡着后不会感觉冷(或热)的舒适温度；若将模式选择开关选至“柔和模式”，空调所实现的风量自动调节及再启动时的3 min延时(为延长气体压缩机的使用寿命，再次启动时则要延迟一段时间后才接通电源开关)，都是通过单片机控制实现的。用发光二极管(LED，Light Emitting Diode)一直显示室内温度。当换气扇累计运行100 h后，自动点亮提示清扫除尘网的指示灯，等等。

综上所述，当室内空调中嵌入单片机后，就使该空调具有了以往机械式空调无论是从结构还是价格上都不可能实现的“极其细致”的功能，使空调在舒适、节能、操作简便等方面的性能都得到了很大的提高。

由于单片机具有成本低、体积小、功耗低、功能强、可靠性高和使用灵活等诸多特点，它不仅被广泛应用于现代工业生产中，而且在国民经济的各行各业以及日常生活中也备受青睐。

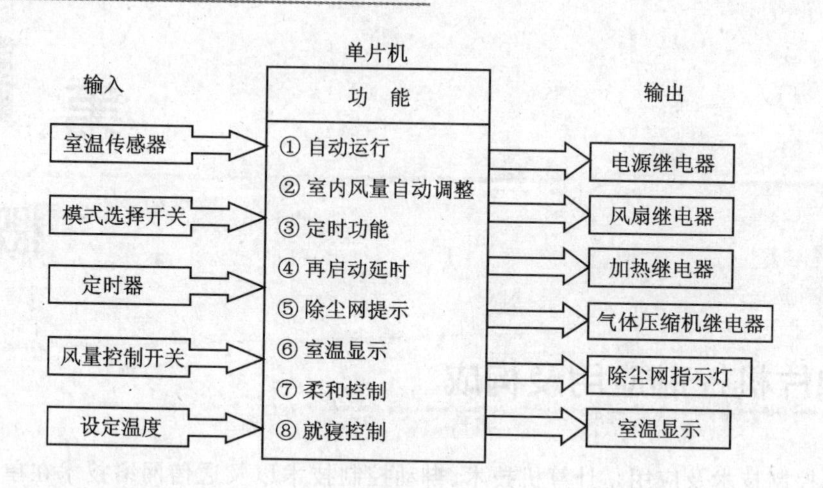

图 1.1 空调控制系统

下面介绍典型单片机控制系统的结构与特点。单片机控制系统包括硬件和软件两部分。

1. 硬 件

典型计算机反馈控制系统构成如图 1.2 所示，它主要由对象和起控制作用的单片机两部分组成。其中，对象主要由设备、传感器和执行机构等组成；单片机系统主要由单片机和挂接在系统总线上的输入接口、输出接口等组成。

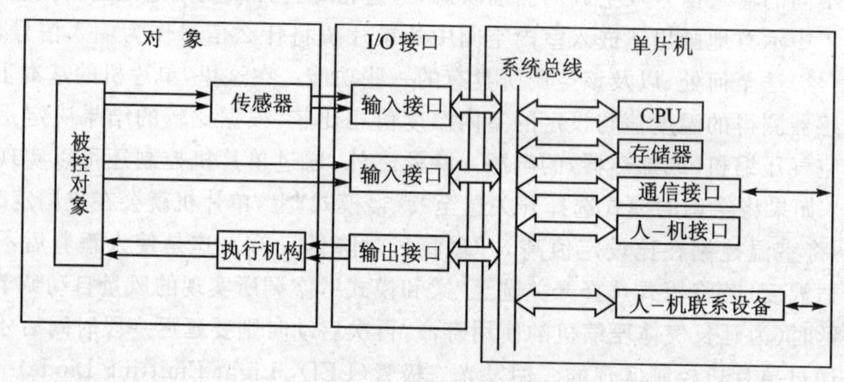

图 1.2 典型计算机反馈控制系统构成

(1) 单片机

由 CPU(中央处理器)、RAM(读/写存储器)和系统总线等构成的单片机是控制系统的指挥部。ROM(只读存储器)存放根据生产实际编制的控制程序。单片机根据过程输入通道发送来的反映生产过程工况的各种信息以及预定的控制算法，作出相应的控制决策，并通过过程输出通道向生产过程发送控制命令。单片机所产生的各种控制决策是按照人们事先安排好的

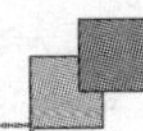

程序进行的。这里,实现信号输入、运算控制和命令输出等功能的程序已预先存入内存;当系统启动后,单片机就从内存中逐条取出指令并执行,以达到控制的目的。

(2) 输入/输出接口

输入/输出接口是单片机与被控对象进行信息交换的桥梁。其中,输入接口的电气接口又称信号调理电路,输出接口的电气接口又称信号驱动电路。

输入接口的结构主要取决于检测器输出信号的类型、大小、数量和输入通道所处的工作环境。常用检测器有传感器、变送器和测量仪表。对于非电量状态参数,例如温度、压力、流量、速度、位移、负荷等,必须由检测器将它们转换成相应的电量;对于电量状态参数,则可直接将它引出。不同的检测器,其输出电量可以是模拟量,也可以是离散信号量。模拟量可以是电流或电压,离散信号量可以是开关量、数字量或脉冲(通常用频率表示)量。

输出接口的结构主要取决于执行机构输入信号的类型、大小、数量以及输出通道所处的工作环境。执行机构不同,其输入控制量也不同,可以是模拟量、数字量、开关量或脉冲(频率)量。

(3) 常规外部设备

实现单片机与外界信息交换功能的设备称为常规外部设备,简称外设。它由输入设备、输出设备和外存储器等组成。

- 输入设备:包括键盘、光电输入机等,用来输入程序、数据和操作命令。
- 输出设备:包括打印机、绘图机、显示器等,用来把各种信息和数据提供给操作者。
- 外存储器:包括磁盘、磁带等,兼有输入、输出两种功能,用于存储系统程序和数据。

这些常规的外部设备与主机组成的计算机基本系统,即通常所说的普通计算机,主要用于一般的科学计算和信息管理。若将其用于工业过程控制,则必须增加过程输入/输出通道。

(4) 检测元件和执行机构

为了能够对生产过程、生产设备或周围环境进行测量和控制,就必须对各种参数(如压力、流量、速度、位移、温度、湿度等)进行采集。为此,必须采用检测元件及其相应的调理电路,将非电量信号转变成电信号,再转换成统一的标准信号(0~5 V或4~20 mA),然后经A/D转换器转换成数字量,通过数据总线送到CPU。

执行机构和被控对象与控制任务密切相关。其共同特点是往往需要大功率信号控制,又因为它的强电信号容易损坏微机的弱电器件,所以输出接口需要功率放大和电隔离。输出接口的输出电平较高,执行机构或被控对象的大信号、机械振动等干扰因素不易对它构成直接损害,但很容易通过输入通道、电源和空间电磁场窜入单片机系统。

2. 软 件

单片机控制系统软件包括系统软件和应用软件。

(1) 系统软件

系统软件在出厂前就已经装入ROM中,用户只须熟悉和使用,不能改变。系统软件包括监控程序、汇编程序、解释程序和编译程序。

(2) 应用软件

应用软件是指执行各种命令的程序,是服务于实时控制的程序的集合。因控制系统的复杂程度和功能差别很大,所以应用软件的差别也很大,大致可分为通用软件和专用软件两种。

1.2 单片机控制系统分类

单片机控制系统有多种不同的分类方法。

1.2.1 按控制规律分类

1. 程序控制

在某些生产过程中,要求被控量按预先规定好的时间函数变化。按这种规律进行控制的系统称为程序控制系统。例如,家用电饭煲有制作多种美食的程序,煲鸡汤时只需按要求选择好参数,电饭煲就能按预先规定好的时间函数进行加热。显然,按时间规律对电饭煲进行控制就是程序控制。

2. 顺序控制

顺序控制是指以预先规定好的时间或条件为依据,按预先规定好的动作顺序地对某项工作进行控制。例如,啤酒灌装生产线就是典型的程序控制系统。啤酒瓶到达预定位置后,即可灌入一定量的啤酒,到达下一个预定位置压下瓶盖,然后随生产线到达下一个工位贴上商标。顺序控制不仅可以时间为条件,还可以某些物理量为条件进行控制。

3. 数值控制

数值控制是按预先规定的要求和轨迹控制一个或数个被控对象,使被控点按预定的轨迹运动。数值控制技术应用于对加工设备(例如电火花加工)、测量设备和绘图设备等的控制。数值控制则要求被控点按某一轨迹运动。

4. 数字 PID 控制

这种控制系统按 PID 规律进行控制,即根据输入的偏差值按比例、积分、微分的函数关系进行运算,其运算结果输出作为控制执行机构的信号。这是一种闭环控制系统。

5. 串级数字控制系统

这是一种较复杂的控制系统,是双闭环控制系统,分内环和外环两个闭环回路。它是在 PID 控制回路的基础上,增加一个控制内回路,用以控制可能引起被控量变化的其他因素,从而有效地抑制了被控对象的时滞特性,提高了系统动态响应的速度。

6. 前馈控制

在反馈控制系统中,对象受干扰(扰动)后,必须在被控参数出现偏差后,调节器才对被控参数进行调节来补偿干扰对被控参数的影响。因而,控制作用总是落后于干扰的作用。

与反馈控制不同,前馈控制不是按偏差进行控制,而是直接按干扰进行控制。它应用于扰动较频繁的系统。干扰一出现,前馈调节器就按干扰量大小和方向和一定规律去控制,补偿干扰对被控参数的影响,而不是等被控参数发生变化后才去控制。因而它是一种超前控制。

这种根据扰动而提前加以补偿的形式,在控制算法和参数选择合适的情况下,可以达到较高的精度。

7. 选择性控制

选择性控制的控制规律是这样的:首先设置好可能需要的各种控制规律,然后根据生产过程所处的不同状态采用相应的控制规律。这使整个系统安全且性能良好。

8. 最优控制

最优控制也称为最佳控制。最优控制是指在一定的约束条件下,使某一性能获得最优的控制。例如让汽车从甲地到乙地(约束条件),选择不同的行车路线和加油规律,使耗油量最少的控制是耗油量最少的最优控制;如果要使汽车从甲地到乙地所花时间最少,则是时间最优控制。实现最优控制需要存储大量信息,需要快速进行大量运算。

1.2.2 按单片机参与控制的方式分类

1. 生产过程的巡回检测和数据处理系统

在图 1.2 中,去掉模拟量输出通道和开关量输出通道(即图中的输出接口和执行机构),保留模拟量输入通道和开关量输入通道(即图中的输入接口),单片机不断轮流检测生产过程的各个参数,即所谓的巡回检测,然后微型机对所测得的参数进行处理和加工(如数字滤波),并将经处理和加工的数据存于半导体存储器或磁盘中。在需要时,可打印和显示这些数据。如果发生异常情况,还可以发出声光报警。这样的系统称为生产过程的巡回检测和数据处理系统,简称为巡回检测系统或数据采集系统。

人们可以利用巡回检测系统所得到的数据和信息获得生产过程的数学模型和其他有用信息(由计算机离线进行),作为设计或修改微型机控制系统的依据。打印或显示的结果可以作为生产的历史记录,操作人员可以根据所打印和显示的结果及报警信号对生产过程进行监视和控制。

生产过程的巡回检测和数据处理系统更多地是作为较大型和复杂的生产过程控制系统的一部分,作为这个控制系统的数据采集装置。它按时快速向上位计算机提供生产过程的有关数据和信息,由上位机进行复杂的运算和决策,以便实现自适应控制和最优控制。

2. 直接数字控制系统(DDC)

图1.2所示也是一个直接数字控制DDC(Direct Digital Control)系统。在DDC系统里，单片机不仅对数据进行采集，还通过输出通道直接对生产过程进行控制。这里的"数字"二字是为了区别于模拟或连续控制系统而言的。

大多数DDC系统无须配备磁盘驱动器、打印机和显示终端，而用简单的数码显示器代替显示终端。

操作人员通过操作台(或键盘)直接数字控制和数码显示器实现与单片机的对话，如输入或修改系统的期望值(给定值)和其他参数，命令系统启动或停机，命令CRT显示过程参数和生产流程图，命令打印机打印数据。

系统的工作过程是这样的：DDC系统通过模拟量输入通道和开关量输入通道巡回检测生产过程的参数，并与事先存于存储器中的给定值进行比较，得出误差(给定值与生产过程的被调量之差)，然后根据误差及其变化趋势，运用体现控制规律的控制算法(程序)求出控制器的输出量，并通过模拟量输出通道和开关量输出通道送给执行机构，控制生产过程使被控量接近给定值。

一个DDC系统可以按上述控制规律中的任何一种进行控制。例如，可实现数值控制、PID控制，甚至自适应控制，只不过实现复杂控制规律需选用速度更高、功能更强的高档单片机作为DDC所用的计算机。

3. 计算机监督控制系统(SCC)

计算机监督控制系统即SCC(Supervisory Computer Control)系统是比DDC系统更高一级的系统。在SCC系统中，计算机根据原始的生产工艺信息和其他信息，如运行条件的变更等，按照生产过程的数学模型，计算出生产过程的最优给定值(设定值或期望值)，并送给SCC系统的下级系统(DDC系统)或模拟控制系统，作为DDC系统或模拟控制系统的给定值。

由DDC系统或模拟控制系统对生产过程进行直接控制，从而实现对整个生产过程的综合最优控制(例如生产效率高，产品质量好，能耗少，原材料省，成本低，人员和设备安全等)。

SCC系统是一个两级控制系统。上位级是SCC的计算机，其输出不直接控制执行机构，而是给出下一级系统(DDC系统或模拟控制系统)的设定值，所以这种系统也称为设定值控制SPC(Set Point Control)系统。给定值是由程序计算出来的。程序是根据控制策略(控制算法)编制的。控制策略是根据对系统的要求和生产过程运动规律即生产过程的数学模型求解得到的。可见建立生产过程的数学模型(即建模和求解控制策略)是SCC计算机的两个重要任务。SCC系统的好坏主要取决于这两项任务完成的好坏。

数学模型可以是数学表达式，也可以是图表。

建模有以下几种方法。可以根据生产过程的基本物理、化学规律，即生产过程的机理，采用分析的方法，求得所谓机理模型，也叫理论模型。但对于复杂的生产过程，很难得到机理模型，或者所得到的机理模型不能较好地描述生产过程的运动规律，因此就不得不测出能表征生产过程的参数(一般为生产过程的输入和输出)，运用数学工具求出生产过程的数学模型，这种模型叫作测试模型或识别模型。如果对生产过程的数学模型一无所知，即不了解其结构(例如：是线性还是非线性的；有滞后还是没有滞后的；如果是线性的，是一阶的、二阶的还是高阶的)，也不知其参数(例如方程中各系数)，就需凭测得的大量数据(如过程的输入和输出数据)，再用数学方法求得数学模型的结构和参数，这就是所谓系统识别或系统辨识。如果模型结构已知，但参数不知，仅需借测试数据决定模型中的未知参数，这是参数识别或参数估计。

参数估计、系统识别和控制策略求解，都需处理大量数据，进行较复杂的运算，需要计算机存储容量较大，运算速度较高，往往使用高级语言。因此，SCC 系统一般选用稍高档一些的单片机或微型机，例如可选用 MCS-96 单片机或 PC 机等。

SCC 系统有两种不同的应用形式，一种是 SCC 加模拟调节器，另一种是 SCC 加 DDC 系统。两种形式的差别只在于直接控制级不同。图 1.3 和图 1.4 所示分别为这两种 SCC 系统的原理图。

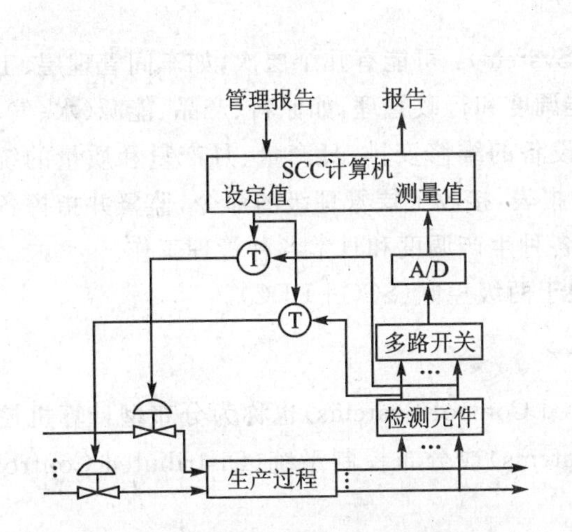

图 1.3 SCC 加模拟调节器的应用形式

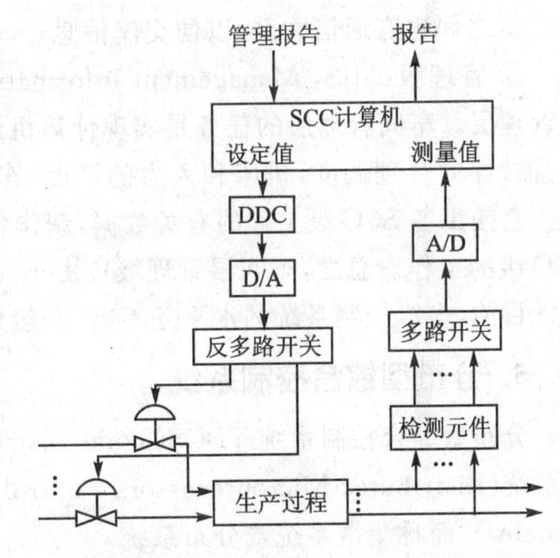

图 1.4 SCC 加 DDC 的应用形式

4. 计算机多级控制系统

现代化工业生产规模大，生产过程复杂，而且对可靠性要求很高，因此不仅要对生产过程进行控制，而且还要进行各种管理，需要传输和处理的数据量很大。为满足这种需要，便出现了计算机多级控制系统。图 1.5 为计算机多级控制系统的示意图，这是一个多级综合控制的大系统。整个系统的结构是宝塔形的，它由三级组成，包括直接控制级、监督控制级(SCC)和管理级(MIS级)。

① 直接控制级(DDC 级)：采集生产过程的参数，接收来自 SCC 计算机的给定值，并按预

定的控制规律(由控制程序体现)对被控对象进行控制。这时,直接控制级的作用就是一个实时控制系统,不需要打印机、显示终端和磁盘驱动器,而把这些设备配备给 SCC 计算机。DDC 级也可由可编程序控制器或智能仪表担任,在少数情况下也可能是模拟调节器。

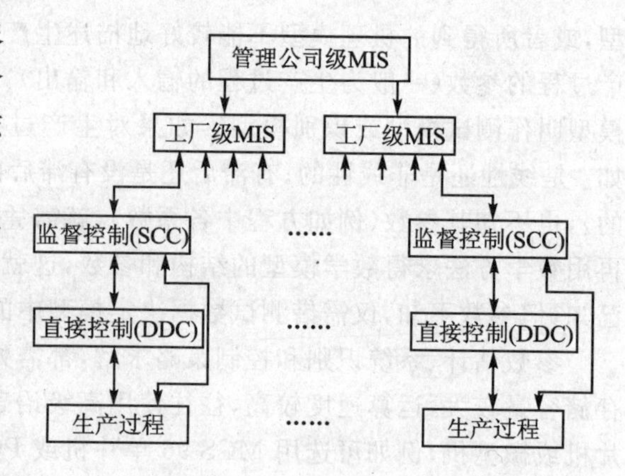

图 1.5 计算机多级控制系统

② 监督控制级(SCC 级):的 SCC 级的作用如前所述,其功能主要是建立过程的数学模型,求解控制策略,确定各 DDC 级的给定值并传送给各 DDC 级,以实现最优或自适应控制。SCC 级所需的过程参数可以自己直接采集,也可从生产过程那一个级别直接读取。SCC 级可以存储较长时间的过程参数,必要时可显示打印出来。SCC 级不仅可以与上级通信,各 SCC 级之间也有通信联系,以便交流信息。

③ 管理级(MIS, Management Information System):可能有几个层次,如车间管理层、工厂管理层。车间管理层的任务是实现计算机最佳调度和行政管理,如原料、产品、能源(水、气、电、油)等的合理调度,机床和人力的调度,车间设备的维修安排,日产量、月产量和质量的统计。它搜集各 SCC 级工作的有关数据,制作各种报表,接收上层管理级的命令,监督并指挥各 SCC 级的工作。总之,车间层管理级负责车间内各种生产调度和日常各种管理工作。

目前,多级控制系统的水平还不高,一般只限于两级控制(SCC+DDC)。

5. 分布型综合控制系统

分布型综合控制系统 TDCS(Total Distributed Control Systems)也称为分布型计算机控制系统(Distributed Microprocessors Control Systems)或分布控制系统(Distributed Control Systems),简称集散系统或分布系统。

集散系统实质上就是一种多级控制系统,它除具有上述多级控制系统的功能和优点外,还有其自己的特点。

集散系统各部分(硬件和软件)以组件或模块的形式出现。用户只要把这些组件和模块适当连接就可组成控制系统。集散系统的最低级即直接数字控制级(相当于 DDC,叫作基本控制器),其上是协调级(相当于 SCC)。各计算机之间用已设计好的通信装置进行联络形成一个完整的系统。集散控制系统由基本控制器进行局部分散控制,用协调级协调各基本控制器的工作实现最优控制,并实现集中监视、操作和管理,以达到掌握全局的目的。集散控制系统还可以再加上一个位机(由已设计好的通信装置进行联络)构成多级控制系统。系统的级数和各级的规模由用户决定。集散系统的优点如下:

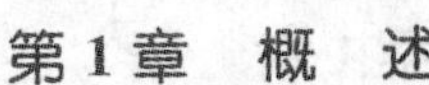

① 容易掌握，组建系统工作量少。

② 扩充灵活，可实现各种控制。

③ 分散控制，故障分散，再加上有完善系统自检功能，故可靠性高。

④ 集中协调和管理，可实现最优控制。

⑤ 维修方便。若哪一部分有故障，换下来即可，系统可不停止运行。

用户可以自己设计集散系统，特别是 DDC 级。对于大型集散系统，用户可以购买模块集散系统，只需把模块连接起来并对软件进行组态就可组成系统。按这种方法组成系统，节省时间，系统性能优良，可靠性高。

1.3　单片机控制系统的发展趋势

随着单片机控制技术的发展，新的控制理论以及新的控制方法层出不穷。展望未来，前景喜人。下面仅从几个方面就其发展趋势进行讨论。

1. 大力推广应用成熟的先进技术

经过近十几年的发展，单片机控制技术已经取得了长足的进步，很多技术已经成熟。

下面介绍预计今后将大力发展和推广的重点项目。

(1) 普及应用可编程控制逻辑器(PLC)

近年来，由于许多中、高档 PLC 的出现，特别是具有 MD、D/A 转换和 PID 调节等功能的 PLC 的出现，使得 PLC 的功能有了很大提高。它可以将顺序控制和过程控制结合起来，实现对生产过程的控制，并具有很高的可靠性，因而得到了广泛的普及和应用。

(2) 广泛使用智能化调节器

智能化调节器不仅可以接收 4～20 mA 电流信号，而且还具有 RS-232 或 RS-422/485 异步串行通信接口，可与上位机连成主从式测控系统。

(3) 采用新型的 DCS 和 FCS

发展以 1 位总线(Bitbus)、现场总线(Fieldbus)技术等先进网络通信技术为基础的 DCS 和 FCS 控制结构，并采用先进的控制策略，向低成本综合自动化系统的方向发展，实现计算机集成制造系统(CIMS)。特别是现场总线系统越来越受到人们的青睐，将成为今后单片机控制系统发展的方向。

2. 大力研究和发展智能控制系统

经典的反馈控制、现代控制和大系统理论在应用中遇到不少难题。首先，这些控制系统的设计和分析都是建立在精确的系统数学模型的基础上的，而实际系统一般无法获得精确的数学模型；其次，为了提高控制性能，整个控制系统变得极其复杂，增加了设备的投资，降低了系统的可靠性。人工智能的出现和发展，促进自动控制向更高的层次即智能控制发展。智能控制是一种无需人的干预就能够自主驱动智能机器实现控制目标的过程，也是用机器模拟人类智能的又一重要领域。

(1) 分级递阶智能控制系统

分级递阶智能控制系统是在研究学习控制系统的基础上，从工程控制论的角度，总结人工智能与自适应、自学习和自组织控制的关系之后而逐渐形成的。

由 Saridis 提出的分级递阶智能控制方法，作为一种认知和控制系统的统一方法论，其控制智能是根据分级管理系统中十分重要的“精度随智能提高而降低”的原理而分级分配的。这种分级递阶智能控制系统是由组织级、协调级和执行级 3 级组成的。

(2) 模糊控制系统

模糊控制是一种应用模糊集合理论的控制方法。一方面，模糊控制提供一种实现基于知识(规则)的甚至语言描述的控制规律的新机理；另一方面，模糊控制提供了一种改进非线性控制器的替代方法，这种非线性控制器一般用于控制含有不确定性和难以用传统非线性控制理论处理的装置。

模糊控制具有多种控制方案，包括 PID 模糊控制器、自组织模糊控制器、自校正模糊控制器、自学习模糊控制器、专家模糊控制器以及神经模糊控制器等。

(3) 专家控制系统

专家控制系统所研究的问题一般都具有不确定性，是以模仿人类智能为基础的。工程控制论与专家系统的结合，形成了专家控制系统。专家控制系统和模糊控制系统至少有一点是相同的，即两者都要建立人类经验和人类决策行为的模型。此外，两者都有知识库和推理机制，而且其中大部分至今仍为基于规则的系统。因此，模糊逻辑控制器通常又称为模糊专家控制器。

(4) 学习控制系统

学习是人类的主要智能活动之一。用机器来代替人类从事体力和脑力劳动，就是用机器代替人的思维。学习控制系统是一个能在其运行过程中逐步获得被控对象及环境的非预知信息，积累控制经验，并在一定的评价标准下进行估值、分类、决策和不断改善系统品质的自动控制系统。

随着多媒体计算机和人工智能计算机的发展，采用自动控制理论和智能控制技术来实现先进的计算机控制系统，必将大大推动科学技术的进步和提高工业自动化系统的水平。

3. 单片机的应用将更加深入

随着电子技术的发展，单片机的功能将更加完善，因而单片机的应用也更加普及。它们将在智能化仪器、家电产品、工业过程控制等方面得到更广泛的应用。总之，单片机的应用将深入到人们工作与生活的各个领域。单片机将是智能化仪器和中、小型控制系统中应用最多的一种微控制器。

习题 1

1. 单片机控制系统的硬件由哪几部分组成？各部分的作用是什么？
2. 单片机控制系统的软件有什么作用？说出各部分软件的作用。
3. 简述巡回检测、DDC 和 SCC 系统的工作原理以及它们之间的区别和联系。
4. 多级控制系统有哪些特点？
5. 单片机控制系统与模拟控制系统相比有什么特点？
6. 未来控制系统发展趋势是什么？
7. 为什么说单片机是智能化仪器和中、小型控制系统中应用最多的一种微控制器？

第2章

模拟量信号输入通道

在单片机控制系统中，输入信号多是模拟量，它必须经过模拟量输入通道的处理后才能作为单片机的输入信号。模拟量输入通道的任务是把被控对象的模拟量信号（如温度、压力、流量、液位、重量等）转换成单片机可以接收的数字量信号。

如图 2.1 所示，来自工业现场传感器或变送器的多个模拟量信号首先需要进行信号调理，然后经多路模拟开关，分时切换到后级进行前置放大、采样保持和模/数（A/D）转换，通过接口电路以数字量信号进入主机系统，从而完成对过程参数的巡回检测任务。显然，该通道的核心部件是模/数转换器（即 A/D 转换器，或 ADC）。

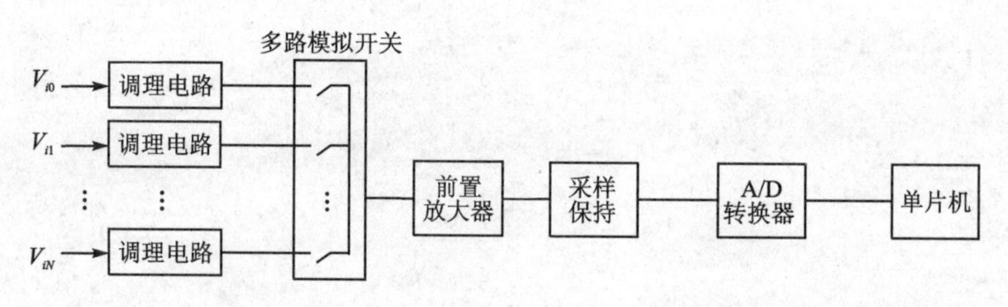

图 2.1　模拟量输入通道的一般结构

2.1　信号转换电路

在模拟量输入通道中，对现场可能引入的各种干扰必须采取相应的技术措施，以保证A/D转换的精度，所以首先要在通道之前设置输入信号调理电路。根据通道的需要，可以采取不同的信号调理技术，如信号滤波、光电隔离、电平转换、过电压保护、反电压保护及电流/电压变换等。

在控制系统中，对被控量的检测往往采用各种类型的现场变送器，其输出一般为 0～10 mA 或 4～20 mA 的统一电流信号。对此需采用电阻分压法把现场的电流信号转换为电压信号。

下面介绍两种变换电路。

2.1.1 无源 *I/V* 变换

无源 I/V 变换电路是利用无源器件——电阻来实现的，加上 RC 滤波和二极管限幅等保护，如图 2.2 所示，其中 R_2 为精密电阻。对于 0～10 mA 输入信号，可取 $R_1=100\ \Omega$，$R_2=500\ \Omega$，这样当输入电流在 0～10 mA 量程内变化时，输出电压为 0～5 V；而对于 4～20 mA 输入信号，可取 $R_1=100\ \Omega$，$R_2=250\ \Omega$，可得输出电压为 1～5 V。

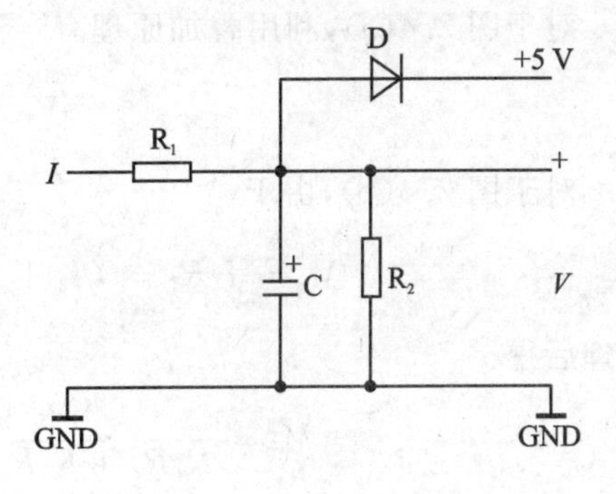

图 2.2　无源 *I/V* 变换

2.1.2 有源 *I/V* 变换

有源 I/V 变换是利用有源器件——运算放大器和电阻、电容来实现的，如图 2.3 所示。利用同相放大电路，把电阻 R_1 上的输入电压变成标准输出电压。该同相放大电路的放大倍数为：

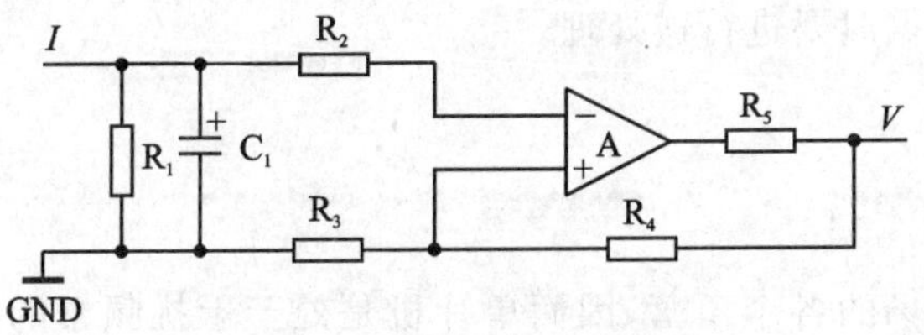

图 2.3　有源 *I/V* 变换

$$G=\frac{V}{IR_1}=1+\frac{R_4}{R_3} \qquad (2-1)$$

若取 $R_1=200\ \Omega$，$R_3=100\ \text{k}\Omega$，$R_4=150\ \text{k}\Omega$，则输入电流 I 为 0～10 mA 就对应输出电压 V 为 0～5 V；若取 $R_1=200\ \Omega$，$R_3=100\ \text{k}\Omega$，$R_4=25\ \text{k}\Omega$，则 4～20 mA 的输入电流对应于 1～5 V 的输出电压。

2.1.3 偏移电路

原始模拟输入 V_I 的量程与 ADC 不匹配，将使 ADC 的分辨率不能得到充分利用。

例如设原始模拟输入 V_I 的变化范围为 2.5～7 V，直接送到量程为 0～10 V 的 ADC。在任何情况下，ADC 数字输出的次高位总是 1。为了充分利用 ADC 的分辨率，应预先对输入信号 V_I 进行偏移。如图 2.4 所示，接入偏移电阻 R_3 后，输入、输出关系如下。

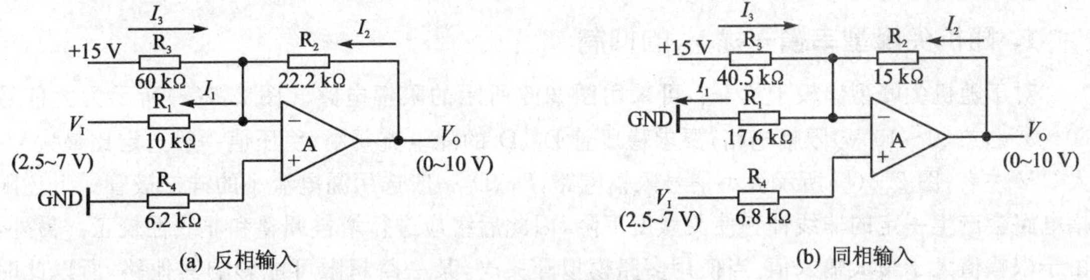

图 2.4　放大和偏移电路

对于图 2.4(a)，利用叠加原理有

$$V_O = -\frac{R_2}{R_1}V_I + \frac{15R_2}{R_3} \tag{2-2}$$

对于图 2.4(b)，由于

$$V_- = I_1R_1 = (I_2 + I_3)R_1 = \left(\frac{15 - V_-}{R_3} + \frac{V_O - V_-}{R_2}\right)R_1$$

整理后得

$$V_- = \frac{15R_1R_2}{R_1R_2 + R_1R_3 + R_2R_3} + \frac{R_1R_2}{R_1R_2 + R_1R_3 + R_2R_3}$$

因为 $V_+ \approx V_I, V_+ \approx V_-$，所以 $V_- \approx V_I$，由此可得

$$V_O = \frac{R_1R_2 + R_1R_3 + R_2R_3}{R_1R_3}V_1 - \frac{15R_2}{R_3} \tag{2-3}$$

这两种电路都是先把 V_I 偏移 −2.5 V，然后放大 2.222 倍后，即得到完全符合 A/D 转换的0～10 V的量程要求。这种将原始信号放大处理到与 A/D 转换相匹配的量程称为定度。注意：定度处理后，单片机在使用转换所得数据时要进行逆处理。

2.2　信号的滤波及放大电路

单片机控制系统的被控量分布在生产现场的各个角落，因而单片机是处于干扰频繁的恶劣环境中。干扰是有用信号以外的噪声，这些干扰会影响系统的测控精度，降低系统的可靠性，甚至导致系统的运行混乱，造成生产事故。

各种干扰按其作用方式可分为串模干扰和共模干扰两类。

2.2.1　串模干扰及其滤波

如图 2.5 所示，直接与信号源 V_I 串联的干扰 V_N 源称串模干扰，因此放大器实际输入电压为 $V_I + V_N$。V_N 主要来源于空间电磁场感应。对于来自电磁感应的 V_N，首先应尽可能提前放大被测信号，以提高信噪比，然后采用滤波等抑制措施。

滤波分硬件和软件两种滤波方法。下面简要讨论硬件滤波。

1. 随机尖峰型串模干扰 V_N 的抑制

对于随机尖峰型串模干扰 V_N，可采用图 2.6 所示的限幅电路。图 2.6(a)所示为大信号(0～5 V)或(0～10 V)限幅电路，要求稳压管 D_1、D_2 的漏电流要小，稳压值一般选定比最大 V_N 大 2 V 左右；图 2.6(b)所示为小信号限幅电路，D_1、D_2 一般选用漏电流小的硅二极管。上述限幅电路会产生一定的非线性和使灵敏度下降，因此后级应进行增益调整和非线性校正。另外，由于限幅值大于最大输入值，当使用多路模拟开关时，某一路超限可能影响其他路，所以此时

应选用优质多路模拟开关,例如AD7506/7507等。

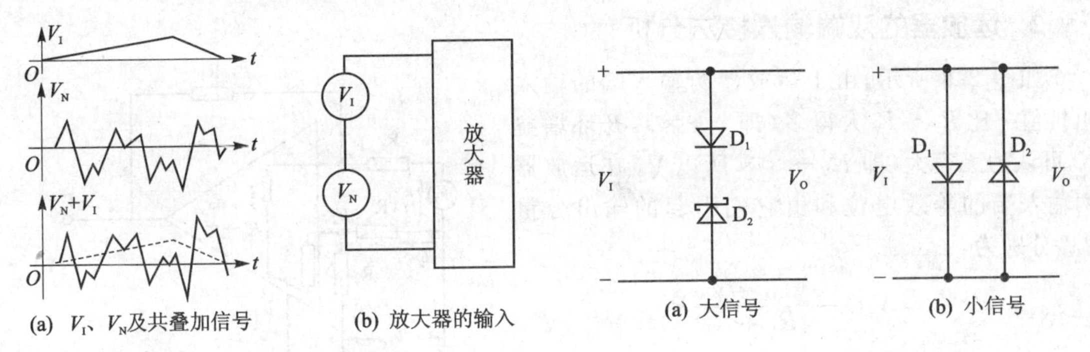

图2.5 串模干扰示意图

图2.6 限幅电路

2. 连续变化串模干扰V_N的抑制与滤波器

对于连续变化的V_N干扰:当V_N的变化频率大于V_I的变化频率时,可采用低通滤波器来抑制;当V_N的变化频率小于V_I的变化频率时,可采用高通滤波器来抑制;当V_N的变化频率落在V_I的变化频率的两侧或相反时,可采用带通或带阻滤波器来抑制。各种滤波器的理想幅频特性如图2.7所示,实际应用中是寻找可实现的滤波器对它充分逼近。

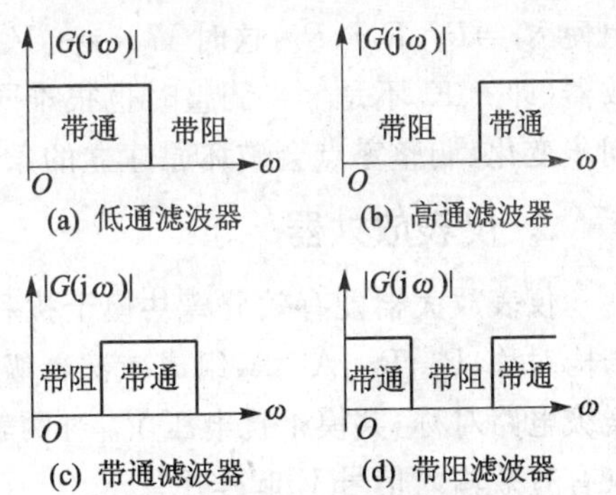

图2.7 理想滤波器的幅频特性

3. 其他抑制法

当V_N的变化速率约等于V_I的变化速率时,滤波很困难,这时可从消除产生V_N的根源入手。例如,对检测器进行电磁屏蔽,用双绞屏蔽线传输;双绞线能抑制磁场耦合干扰,屏蔽能抑制电场耦合干扰。又如,改变通道结构,使用V/F(电压/频率)转换器实现A/D转换等方法实现。

2.2.2 共模干扰及其滤波

同时、同相、等量地出现在线路两输入端的干扰称为共模干扰。它的产生主要是由于系统中的地电位不一致。

1. 共模干扰与仪表放大器

被测信号与放大器或A/D转换器的连接有单端和双端两种连接方法。图2.4(a)和(b)所示放大偏移电路均为单端连接,当其引线等原因使两接地电位不相等时,该电位差V_M对运放器输入端直接表现为串模干扰电压V_N。双端接法的典型放大电路如图2.8所示,两地电位

差 V_M 对运放器输入端表现为共模干扰电压。

2. 运放器的双端输入接法分析

如图 2.8 所示，由于运放器两输入端的输入阻抗值 r 比 $R_1 \sim R_4$ 大得多(即 $r \to \infty$)，开环增益 K_0 可认为无穷大(即 $K_0 \to \infty$)，所以 V_M 在运放器两输入端的等效电位和由它们引起的输出分量 V_{OM} 分别为

$$V_- = V_{OM} - \frac{V_{OM} - V_M}{R_1 + R_3} R_3$$

$$V_+ \approx \frac{R_4}{R_2 + R_4} V_M$$

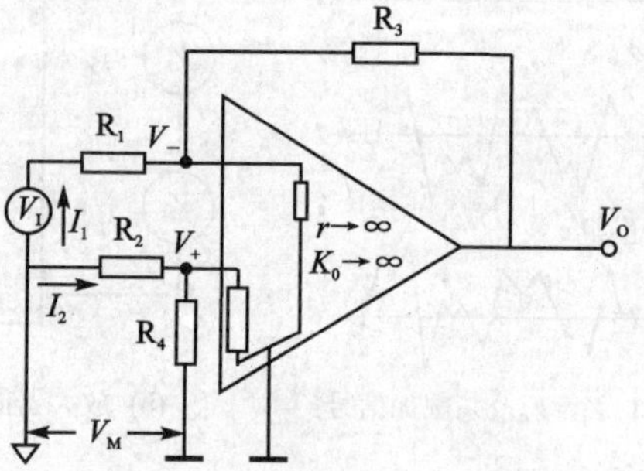

图 2.8　双端输入运放电路

由 $V_+ = V_-$ 可得

$$V_{OM} = \left(\frac{R_1 + R_3}{R_2 + R_4} \cdot \frac{R_4}{R_1} - \frac{R_3}{R_1} \right) V_M \tag{2-4}$$

可见抑制共模干扰的方法主要有两种：一种是通过良好接地来消除 V_M；另一种是调整电阻使 $R_1 = R_2$，$R_3 = R_4$，这时 $V_{OM} = 0$，V_M 的影响全部消失。在实际应用中，运放器为非理想运放器(即 r、K_0 不是 ∞)，调整时也很难同时满足 $R_1 = R_2$、$R_3 = R_4$。例如，调整改变增益时，要求同步变化，调整零点会破坏原建立的条件等，所以总会存在一定的共模误差。

3. 仪表放大器

仪表放大器能有效分离共模干扰和有用信号，其典型结构如图 2.9 所示，3 个运放器电路结构对称，R_1、R_G、A_1、A_2 组成减法器级；R_2、R_3、A_3 组成差值输入单端输出增益级。因为减法器级电路对称，共模干扰电压 V_M 对两输入端来说基本一样，即在减法器级相互抵消了，所以只有有效输入信号 V_I 起作用。

这时增益级 A_3 的两输入端有 $V_+ = V_-$，即

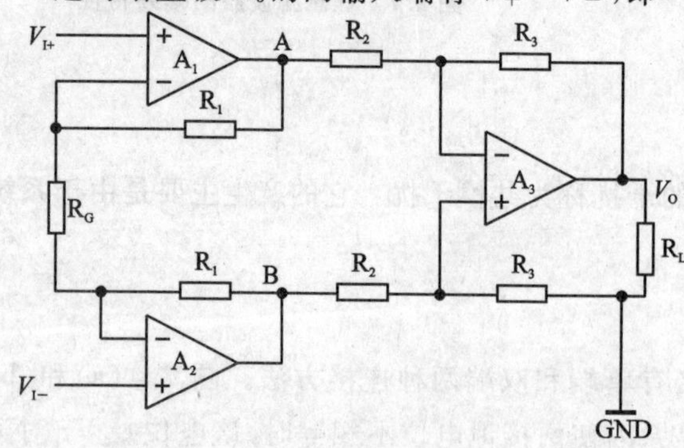

图 2.9　仪表放大器

$$\frac{R_3}{R_2 + R_3} V_B = V_O - \frac{R_3}{R_2 + R_3} (V_O - V_A)$$

化简后得

$$\frac{V_O}{V_B - V_A} = \frac{R_3}{R_2} \tag{2-5}$$

减法器级流过外接电阻 R_G 的电流为

$$I = \frac{V_A - V_B}{2R_1 + R_G}$$

于是有

$$V_{I-} = V_A - \frac{R_1}{2R_1 + R_G} (A_A - A_B)$$

$$V_{1+} = V_A - \frac{R_1 + R_G}{2R_1 + R_G}(V_A - V_B)$$

$$V_{1-} - V_{1+} = \frac{R_G}{2R_1 + R_G}(V_A - V_B)$$

将上式代入式(2-5)，则仪表放大器的输入与输出关系为

$$V_O = \left(1 + \frac{2R_1}{R_G}\right)\frac{R_3}{R_2}(V_A - V_B) = \left(1 + \frac{2R_1}{R_G}\right)\frac{R_3}{R_2}V_1$$

取 $R_2 = R_3$，则

$$V_O = \left(1 + \frac{2R_1}{R_G}\right)V_1 \tag{2-6}$$

式(2-6)表明是差分放大，调节增益时改变外接电阻的阻值 R_G 将不改变差分关系。由于双端输入信号(包括共模干扰和串模干扰信号)直接接到 A_1、A_2 的同相输入端，不像运放器那样要经过电阻网络，所以仪表放大器的输入阻抗很高，一般可达 10^9 Ω 以上。共模抑制比基本上由仪表放大器本身决定，可以做得很高。

2.2.3 几种实用信号放大电路

图 2.10 所示为使用铂电阻的温度测量放大电路。传感器使用的是标称阻值为 1 kΩ (0 ℃时)的铂电阻，其线性度很好。AD589JH 是提供基准电压用的集成电路，$V_R = 1.24$ V。

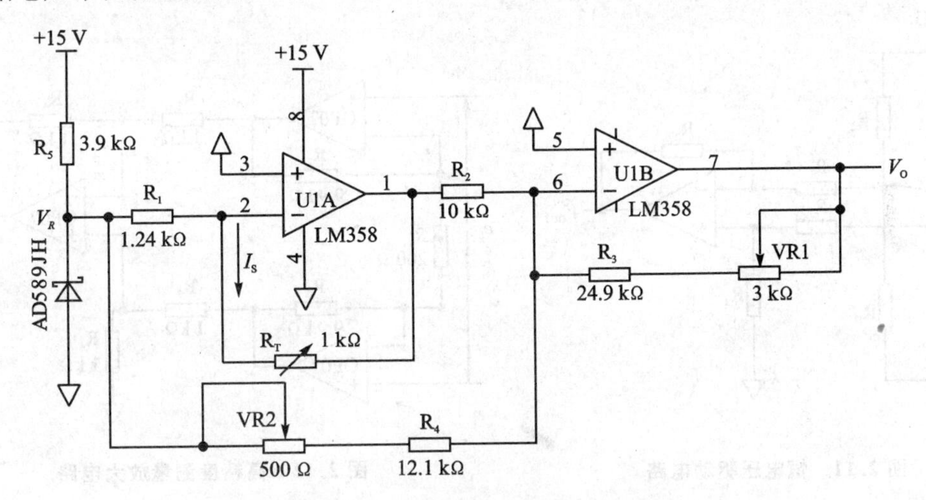

图 2.10 铂电阻的温度测量放大电路

温度传感器 R_T 中流过的电流 I_S 为

$$I_S = V_R / R_1$$

其中 $R_1 = 1.24$ kΩ，因此 $I_S = 1$ mA。于是，可以得出运算放大器 U1A 的输出电压 V_1 为

$$V_1 = -I_S \cdot R_1 \tag{2-7}$$

温度测量范围是 0～200 ℃。在 200 ℃下，传感器的电阻值为 $R_T = 1758.4$ Ω。由此可以

算出，在 0～200 ℃范围内电阻值的变化为 1758.4 Ω－1000 Ω＝758.4 Ω，那么输出电压就是

$$V_1=-1\ \mathrm{mA}[1000\ \Omega+(758.4\ \Omega/200\ ℃)T] \tag{2-8}$$

为了使输出电压 V_O 的灵敏度达到 10 mA/℃，如果运算放大器 U1B 的增益 G 取为

$$G=10/3.792=2.64$$

输出电压 V_O 则应为

$$\begin{aligned}V_O&=-G\cdot V_1\\&=-2.64\ \mathrm{V}+(10\ \mathrm{mA}/℃)T\end{aligned} \tag{2-9}$$

式(2－9)中的 2.64 V 不便于计算，可以利用 R_4 和 VR_2 将其消去。于是，即可得到

$$V_O=(10\ \mathrm{mV}/℃)T \tag{2-10}$$

铂电阻另外还有一种驱动方式，那就是恒电压驱动。图 2.11 是恒电压驱动电路的原理图，R_T 为温度传感器，它的阻值随温度变化而引起 V_D 的变化；R_1 的值取为桥式电阻值的 10～100 倍以上。其输出为

$$V_O=-V_D\times(R_2/R_1) \tag{2-11}$$

图 2.12 所示为由 3 个运算放大器组成的差动放大电路。放大传感器输出信号精度较高，其中 e_S 信号为传感器电路输出。虽然运算放大器要用 3 个，但是由于没有高电阻值，因此像 OP07 这样双极输入型的高精度运算放大器也可以使用。

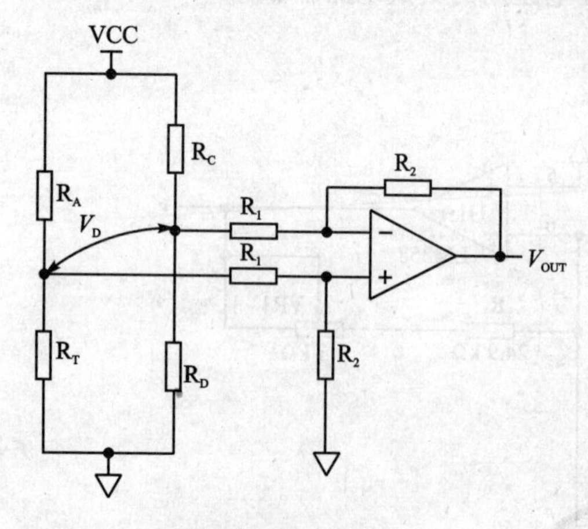

图 2.11 恒电压驱动电路

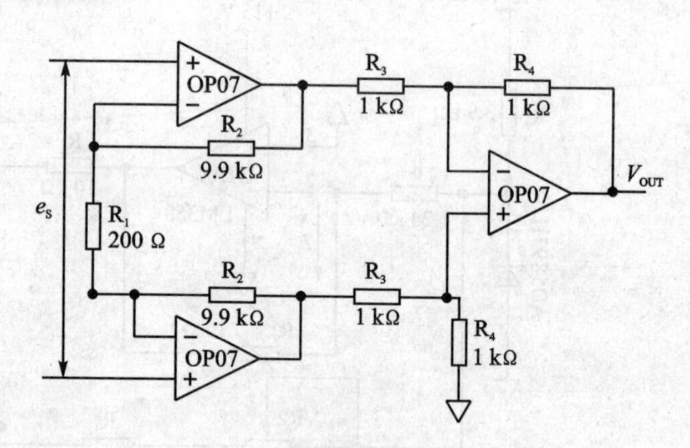

图 2.12 高精度测量放大电路

2.2.4 电流放大与隔离放大

1. 电流放大

前面所述放大和处理电路均是对电压输入量进行的。应用中还有一类敏感元件或传感器(如光电池、压电晶体等)是将非电量转换成与之成线性或其他函数关系的短路电流或电荷量。

将电流信号经取样电阻变成电压后，再采用高阻运放进行电压放大(通常采用同相输入接法以进一步提高输入阻抗)的方法，会带来许多不利因素，例如会产生共模电压，或是因(特别是用屏蔽线连接时)输入分布电容与取样电阻分压，而使信号衰减并影响频率特性等，因此通常是直接将电流(或电荷)进行放大，同时转换成电压。

(1) 单端电流放大

单端反相接法的电流放大电路如图 2.13 所示，在 $I_I \gg I_N$ 条件下，输出电压为

$$V_O \approx -R_F I_I \qquad (2-12)$$

由于 N 端是虚地，故运放器的输入阻抗 $R_I \approx 0$。本电路不存在共模电压问题。

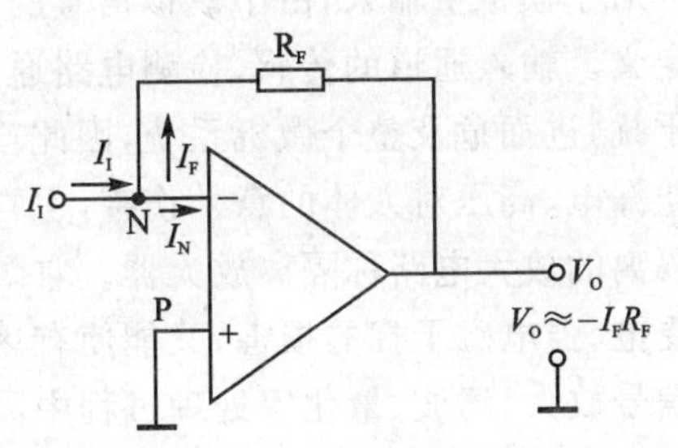

图 2.13 反相接法电流放大

可测量的输入电流的最小值受到运放器输入偏流 I_N 的限制，运放器输入阻抗越大、输入漏电流越小，可测量的输入微电流的最小值就越小，因此对微电流信号应选用高阻运放器如 F3140 等进行电流放大。可测最大输入电流值只受运放器最大输出电压 $V_{O(max)}$ 的限制。因为

$$V_O = K_0(V_P - V_N) = -R_F I_I - (V_P - V_N)$$

$$R_I = -(V_P - V_N)/I_I = R_F/(K_0 + 1)$$

式中 K_0 为运放器开环放大倍数，所以运放器的输入阻抗值 R_I 很小。

(2) 差动(双端)电流放大

差动接法电流放大电路如图 2.14 所示，它是将光电池电流变换成低阻电压输出的电路，这种电路适合于对不接地(浮动)的微电流进行放大。图中，变换电阻 R_F 对称地分置于输入的两边，场效应管 3DJ6F 的 D、S 极短接当作二极管使用(注意：场效应管漏电流为 pA 级，非常小，若采用常规二极管则其漏电流会影响精度)，作为输入保护。在 $I_I \gg I_N$ 条件下，输出电压与

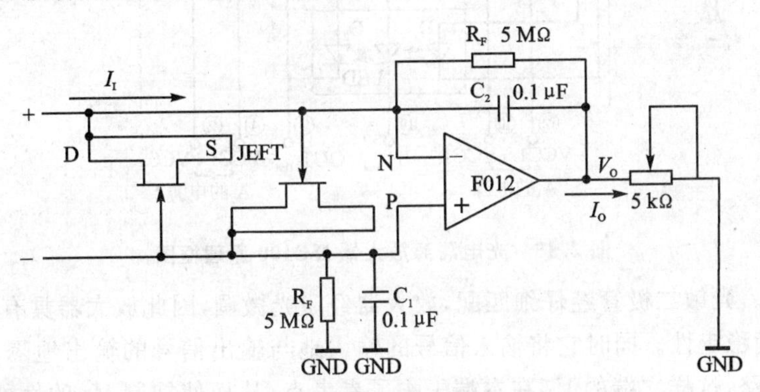

图 2.14 差动接法电流放大电路

输入电流的关系为

$$V_O \approx -2R_F I_I \tag{2-13}$$

2. 隔离放大

对于模拟量输入，由于模拟信号的电压或电流是连续变化信号，其信号幅度在任何时刻都有定义。输入通道的传感、检测电路通常安装在生产现场，很容易受到强电、强电磁场的损害和干扰，进而危及整个微机系统，因此输入通道常采用隔离技术。还有像医疗仪器等方面，为防止漏电、高压对人体的意外伤害，也常采用隔离技术。将电路的输入侧与输出侧在电气上完全隔离的放大电路称隔离放大器。它既切断了输入侧、输出侧电路之间的直接联系，使输出侧不受电、强电磁干扰的损害，又能使有用信号畅通无阻。因此，对其进行处理就较为复杂，在进行信号放大、滤波、量化等处理过程中需要考虑干扰信号的抑制、转换精度及线性等诸多因素。

为了对模拟量输入通道消除干扰，所用的隔离方法有变压器隔离和光电隔离两种，一般加入线性光电隔离的情况较多。对于模拟量输入通道，光电隔离有两种方法：模拟量侧隔离和数字量侧隔离，即在A/D转换之前或之后接入光电隔离器，采用互补电路提高线性度。另外，由于模拟量输入信号一般都要经过放大后才能进行A/D转换，因此可以采用兼有放大和隔离功能的隔离放大器。隔离放大器的输入端与输出端在电气上完全隔离。

下面介绍光电隔离放大器ISO100。ISO100是美国B-B公司生产的一种小型廉价光电隔离放大器。如图2.15所示，它将发光二极管的光分为两路：一路送输出端，另一路反馈到输入

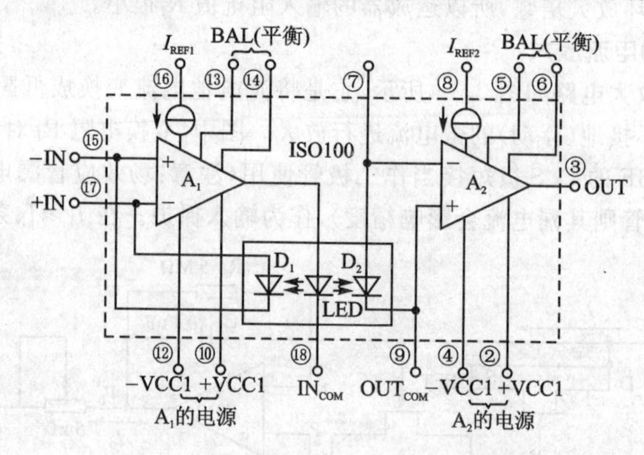

图2.15 光电隔离放大器ISO100原理框图

端，构成负反馈。光敏二极管经仔细匹配，放大器经激光微调，因此放大器具有很高的精度、线性度和时间温度稳定性。同时它将输入信号的输入地与输出信号的输出地隔离开来，使共模干扰V_M不成回路，这样它端的V_M在本端失去了参考点，从而使抑制V_M的性能和安全得到保障。隔离仪表放大器特别适用于不能接地的多个输入设备的情况。

该电路基本上是一个单位增益电流放大器，在大部分应用中是让输出电流经过反馈电阻的阻值 R_f 来获得输出电压，输出关系为：

$$V_O = I_I R_f$$

因此，只要改变 R_f 就能改变增益。

ISO100 的工作电源为 +18 V，隔离电压为 2 500 V，输入电流为 1 A，输出电压为 $V_O = R_f I_I$，改变 R_f 即能改变增益。当输入为电压量时，应串联电阻 R_{IN}，使输入电流在要求范围内。

ISO100 构成的热电偶放大器的连接如图 2.16 所示。可见，ISO100 使用非常方便，只需要外加少量的元件即可。值得注意的是，输入和输出部分必须使用两组独立的电源。

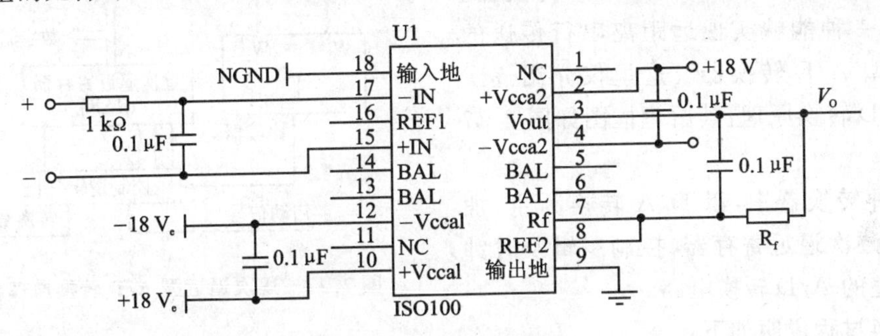

图 2.16　ISO100 的应用

2.3　A/D 转换器的工作原理及其应用

2.3.1　A/D 转换器的工作原理

模拟量输入通道的任务是将模拟量转换成数字量，以便单片机能够识别。能够完成这一任务的器件称为模/数转换器，简称 A/D 转换器。一般情况下，将 A/D 转换器做成单片型双列直插式封装芯片。

A/D 转换器的种类很多，按位数可分为 8 位、10 位、12 位、16 位等。位数越高，其分辨率越高，价格也随之越高。

A/D 转换器就其结构而言，有单一的（如 ADC0801、AD673 等）和内含多路开关的（如 ADC0809、ADC0816 均带多路开关）两种，其中单一的只能接收一路模拟量，而内带多路开关的可接收多路模拟量。随着大规模集成电路的发展，又出现了多功能A/D转换芯片。AD363 就是其中的一种典型芯片，其内部具有 16 路多路开关、数据放大器、采样保持器及 12 位 A/D 转换器，其本身就已构成一个完整的数据采集系统。近年来，随着微型计算机的大量使用，出现了物美价廉的串行 A/D 转换器，如 MAXl95 等。

1. A/D 转换原理

A/D 转换的常用方法有计数器型 A/D 转换、逐次逼近型 A/D 转换、双积分型 A/D 转换和 V/F 变换型 A/D 转换。在这些转换方式中，计数器式 A/D 转换线路比较简单，但转换速度较慢，所以现在应用得很少。双积分式 A/D 转换精度高，多用于数据采集及精度要求比较高的场合，如 5G14433($3\frac{1}{2}$位)、AD7555($4\frac{1}{2}$位或$5\frac{1}{2}$位)等，但速度更慢。逐次逼近型 A/D 转换既照顾了转换速度，又具有一定的精度，因此是目前应用较多的一种 A/D 转换器。此外，还有一种能够实现远距离串行传送的 V/F 变换型 A/D 转换器。这里仅介绍逐次逼近型 A/D 转换原理，其原理框图如图 2.17 所示。

在这种转换器中，以 D/A 转换为主，加上比较器、逐次逼近寄存器、控制逻辑及时钟便构成完整的 A/D 转换电路。

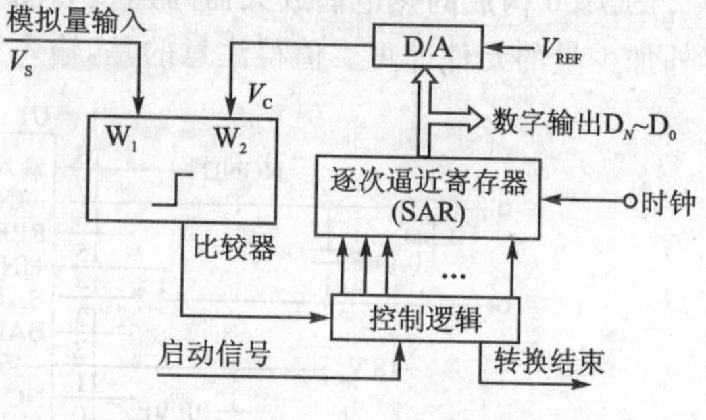

图 2.17 逐次逼近型 A/D 转换原理框图

其转换过程说明如下：

当 A/D 转换器接收到启动脉冲后，在时钟的作用下，控制逻辑首先使 N 位逐次逼近寄存器的最高位 D_{N-1}置 1(其余 $N-1$ 位均为 0)，经 D/A 转换器转换成模拟量 V_C 后，与输入的模拟量 V_S 在比较器中进行比较，由比较器给出比较结果。当 $V_S \geqslant V_C$ 时，保留这一位；否则，该位清 0。然后，再使 D_{N-1}位置 1，与上一位 D_{N-1}一起进入 D/A 转换后的模拟量 V_C 再次与模拟量 V_S 比较。如此继续下去，直至最后一位 D_0 比较完成为止。此时，N 位寄存器的数字量即为模拟量所对应的数字量。当 A/D 转换结束后，由控制逻辑发出一个转换结束信号，以便告诉单片机，转换已经结束，可以读取数据了。对于一个 N 位 A/D 转换器来讲，只需比较 N 次，即可生成对应的数字量，因而转换速度很快。

一个 N 位 A/D 转换器的 A/D 转换表达式为：

$$B=\frac{V_{IN}-V_{R(-)}}{V_{R(+)}-V_{R(-)}}\times 2^n \tag{2-14}$$

式中：n 表示 n 位 A/D 转换器；$V_{R(+)}$、$V_{R(-)}$为基准电压源的正、负输入；V_{IN}为要转换的输入模拟量；B 为转换后的输出数字量。

目前相当多的 A/D 转换器都采用逐次逼近法，如 8 位 A/D 转换器(ADC0801/0804/0808/0809)、10 位 A/D 转换器(AD7570、AD573、AD575、AD579)以及 12 位 A/D 转换器(AD574、AD578、AD7582)等。

[例 2.1] 对于一个 8 位 A/D 转换器，设 $V_{R(+)}=5.02\ V$，$V_{R(-)}=0\ V$，计算当 V_{IN}分别为 0 V、2.5 V和 5 V 时所对应的转换数字量。

解 将已知数带入式(2-14),有

$$B=\frac{V_{\mathrm{IN}}-0}{5.02-0}\times 2^{8}$$

当 $V_{\mathrm{IN}}=0$ V 时,$B=0_{\mathrm{D}}=00\mathrm{H}$;

当 $V_{\mathrm{IN}}=2.5$ V 时,$B=00\mathrm{H}$。

2. 多通道 A/D 转换器 ADC0808/0809

由于单片机运行速度快,而许多模拟量的变化速度较之慢许多,故通常一台单片机可以采集多个数据。为满足系统的要求,在一些 A/D 转换器中除有 A/D 转换电路外,还含有多路开关用以选择模拟量输入信号的通道,使得通道中的任何一个模拟信号都能直接进入 A/D 转换器。目前市售产品中,有含 8 路多路开关的,如 ADC0809、AD7581;也有含 16 路多路开关的,如 ADC0816/0817 等。下面以国内应用最多的 ADC0808/0809 为例,介绍通道的 A/D 转换器原理。

(1) 电路组成及转换原理

ADC0808/0809 都含 8 位 A/D 转换器和 8 路多路开关,与单片机兼容,其转换方法为逐次逼近型。在 A/D 转换器内部有一个高阻抗暂波稳定比较器,一个带模拟开关树组的 256 电阻分压器以及一个逐次逼近型寄存器,如图 2.18 所示。8 路模拟开关的通断由地址锁存器和译码器控制,可以在 8 个通道中任意访问一个单边的模拟信号。

这种器件无须进行零位和满量程调整。由于多路开关的地址输入部分能够进行锁存和译码,而且其三态 TTL 输出也可以锁存,所以易于与单片机接口连接。

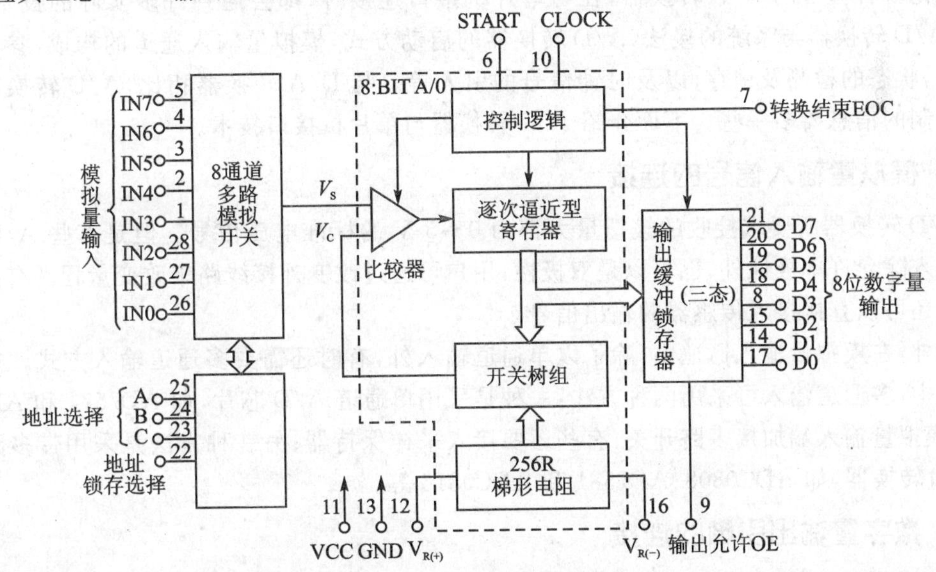

图 2.18 ADC0809 结构原理

(2) ADC0808/0809 的引脚功能

ADC0808/0809 的引脚功能如下：

IN7～IN0：8 个模拟量输入端。

START：启动信号。当 START 为高电平时，A/D 转换开始。

EOC：转换结束信号。当 A/D 转换结束后，发生一个正脉冲，表示 A/D 转换完毕。此信号可用作 A/D 转换是否结束的检测信号，或向 CPU 申请中断的信号。

OE(ENABLE)：输出允许信号。当此信号有效时，允许从 A/D 器的锁存器中读取数据。此信号可作为 ADC0808/0809 的片选信号，高电平有效。

CLOCK：实时时钟，可通过外接 RC 电路改变时钟频率。

ALE：地址锁存允许，高电平有效。当 ALE 为高电平时，允许 C、B、A 所示的通道被选中，并把该通道的模拟量接入 A/D 转换器。

C、B、A：通道号选择端子，C 为最高位，A 为最低位。

D7～D0：数字量输出端。

$V_{R(+)}$、$V_{R(-)}$：参考电压端子。用于提供 D/A 转换器权电阻的标准电平。对于一般单极性模拟量输入信号，$V_{R(+)}=+5$ V，$V_{R(-)}=0$ V。

VCC：电源端子，接＋5 V。

GND：接地端。

2.3.2 A/D 转换器的接口技术

无论哪种型号的 A/D 转换器，在与单片机接口连接时，都会遇到许多实际的技术问题。比如，A/D 转换器与系统的接法，A/D 转换器的启动方式，模拟量输入通道的构成，参考电源的提供，状态的检测及锁存，以及时钟信号的引入等。与 D/A 转换器相比，A/D 转换器的接口及控制的信息要多一些。下面介绍 A/D 转换器与单片机接口技术。

1. 模拟量输入信号的连接

A/D 转换器所要求接收的模拟量大都为 0～5 V 的标准电压信号。但是有些 A/D 转换器的输入除允许单极性外，也可以是双极性，用户可通过改变外接线路来改变量程。有的A/D 转换器还可以直接接入传感器的输出信号。

另外，在模拟量输入通道中，除了以单通道输入外，有时还需要多通道输入方式。在单片机系统中，多通道输入可采用两种方法：一种是采用单通道 A/D 芯片，如 AD7574 和 AD574A 等，在模拟量输入端加接多路开关，有些还要接入采样保持器；另一种方法是采用带多路开关的 A/D 转换器，如 ADC0808、AD7581 和 ADC0816 等。

2. 数字量输出引脚的连接

A/D 转换器数字量输出引脚与单片机的连接方法与其内部结构有关。对于内部未含输出锁存器的A/D转换器来说，一般通过锁存器或I/O接口与单片机相连。常用的接口及锁存器有Intel 8155、8255、8243以及74LS273、74LS373、8212等。当A/D转换器内部含数据输出锁存器时，可直接与单片机相连。有时为了增加控制功能，也采用I/O接口连接。

3. A/D转换器的启动方式

任何一个A/D转换器在开始转换前，都必须经过启动，才开始工作。芯片不同，则要求的启动方式也不同。一般分为脉冲启动和电平启动两种方式。

脉冲启动型芯片只要在启动转换输入引脚引入一个启动脉冲即可。ADC0809、ADC80及AD574A等均属于脉冲启动转换芯片，往往通过$\overline{WR}$及地址译码器的输出$\overline{Y_i}$经过一定的逻辑电路进行控制。

所谓电平启动转换，就是在A/D转换器的启动引脚上加上所要求的电平。一旦电平加上以后，A/D转换立刻开始，而且在转换过程中必须保持这一电平，否则将停止转换。因此，在这种启动方式下，启动电平必须通过锁存器保持一段时间，一般可采用D触发器、锁存器或并行I/O接口等来实现。AD570/571/572等都属于电平控制转换电路。

不同的A/D转换器要求启动信号的电平不一样。有的要求高电平启动，如ADC0809、ADC80、AD574；有的则要求低电平启动，如ADC0801/0802和AD670等。此时，可采用图2.19所示的逻辑电路来实现。

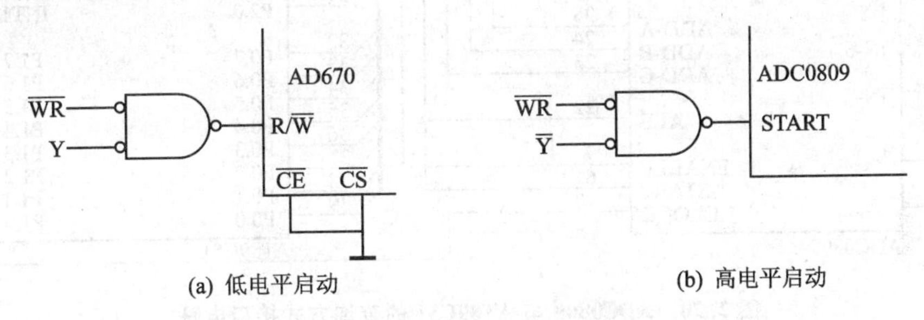

图2.19 启动控制逻辑电路图

4. 转换结束信号的处理方法

在A/D转换系统中，CPU向A/D转换器发出一个启动信号后，A/D转换器便开始转换。需要经过一段时间，转换才能结束。当转换结束时，A/D转换器芯片内部的转换结束触发器置位。同时输出一个转换结束标志信号，通知单片机转换已经完成，可以进行读数。

单片机检查判断A/D转换结束的方法有以下3种。

(1) 查询方式

把转换结束信号送到CPU数据总线或I/O接口的某一位上，单片机向A/D转换器发出启动信号后，便开始查询A/D转换是否结束。一旦查询到A/D转换结束，即读出结果数据。这种方法的程序设计比较简单，且实时性也比较强，是应用最多的一种方法。特别是在单片机系统中，由于它具有很强的位处理功能，因而使用起来更加方便。

如图 2.20 所示，由于 ADC0809 带有输出锁存器，因此其输出数据线 D0～D7（即 msb2－1～lsb2－8）可以与 AT89C51 的 P0 口直接相连。AT89C51 通过 P2.6、P2.5、P2.4 这三条 I/O 线分别连到 ADC0809 的 3 条地址线 ADD-A、ADD-B、ADD-C 上，用来选通 8 个模拟通道；通过 P2.3 控制 ADC0809 的地址锁存 ALE 端与启动转换 START 端；通过 P2.7 查询转换结束信号 EOC 的电平状态；A/D转换结束后，再通过 P2.4 控制 ADC0809 的输出允许端 OE(ENABLE)，通过 P0 口将转换后的数字信号读入单片机内；由 P1.0 输出频率可调的方波信号至 ADC0809 的时钟脉冲 CLOCK 端。

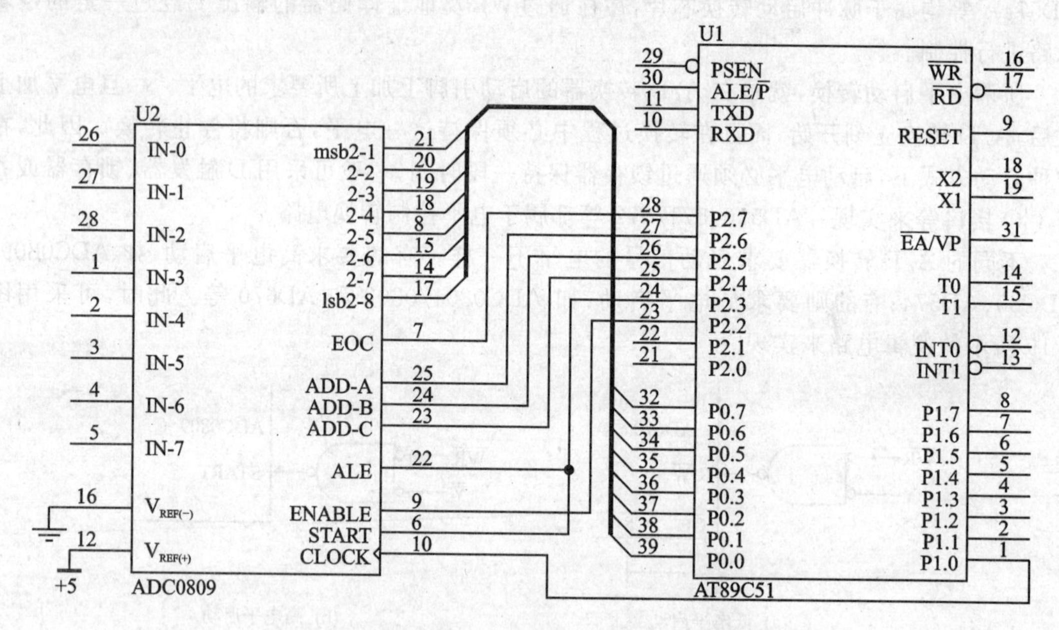

图 2.20　ADC0809 与 AT89C51 的查询方式接口电路

［例 2.2］　如图 2.20 所示，试用查询方式编程，对 8 个模拟通道的模拟电压进行巡回检测，并将 A/D 转换结果存入内部 RAM 以 30H 单元为起始地址的数据缓冲区。

解　程序清单如下：

```
        MOV     R0,＃30H        ;数据缓冲区始地址送 R0
        MOV     R1,＃0          ;A/D 转换通道地址送入 R1(即 000)
        MOV     R2,＃8          ;通道数(8 路)存放于 R2 中
        MOV     P2,＃0          ;设置 ADC0809 的 START,ALE、OE 为低电平
LOOP:   MOV     P2,R1           ;输出通道地址(即选通 IN0 通道)
        SETB    P2.3            ;利用软件置位 P2.3,在 A/D 转换上形成一正脉冲以锁存通道
                                ;地址并启动 A/D 转换
```

```
        CLR     P2.3            ;复位 P2.3
WATT:   JNB     P2.7,WATT       ;判断转换是否结束,未结束则继续查询,直到转换结束
        SETB    P2.4            ;打开 ADC0809 转换结果输出门
        MOV     @R0,P0          ;转换结果存放于数据缓冲区
        CLR     P2.4            ;关闭 ADC0809 转换结果输出门
        INC     R0              ;数据缓冲区指针加 1
        INC     R1              ;模拟通道地址加 1
        DJNZ    R2,LOOP         ;8 路巡回采集未结束,则转向 LOOP 继续
```

注:此程序清单不包括 CLOCK 时钟信号的软件设计。

(2) 中断方式

将转换结束标志信号接到单片机的中断申请引脚或允许中断的 I/O 接口的相应引脚上(如 8255)。转换结束后即提出中断申请,单片机响应后,在中断服务程序中读取数据。这种方法使 A/D 转换器与处理器的工作同时进行,从而节省机时,常用于实时性要求比较强、引入多参数的数据采集系统。

中断方式读 A/D 转换的接口电路与查询方式基本类似,只是改动了 ADC0809 转换结束信号 EOC 的连线,将 EOC 经"非"门与 AT89C51 的 $\overline{\text{INT0}}$(P3.2)相接。这是因为转换结束信号 EOC 是高电平有效,而中断申请引脚 $\overline{\text{INT0}}$ 是低电平有效。该方式以中断请求的形式通知单片机,单片机响应中断后,在中断服务程序中使输出允许 OE 端变为高电平,读取 A/D 转换结果,接口电路如图 2.21 所示。

[例 2.3] 如图 2.21 所示,对 8 个模拟通道的模拟电压进行巡回检测,并将 A/D 转换结果存入内部 RAM。以 30H 单元为起始地址的数据缓冲区,试写出中断服务程序。

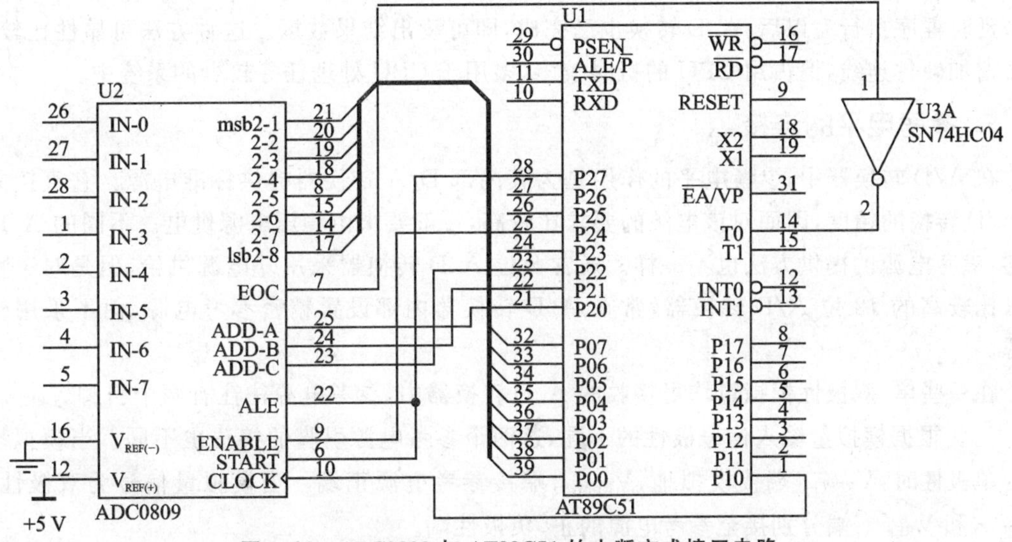

图 2.21 ADC0809 与 AT89C51 的中断方式接口电路

解 在INT0的中断服务程序中,完成两个任务,分别是读取当前通道A/D转换结果和启动下一通道的A/D转换。

程序清单如下:

```
INT0-SER: MOV   A,P2      ;读当前通道地址
          ANL   A,#07H    ;屏蔽掉高5位
          ADD   A,#30H    ;计算当前通道应存放内部RAM的地址
          MOV   R0,A
          SETB  P2.4      ;打开ADC0809转换结果输出门
          MOV   @R0,P0    ;将A/D转换结果存放在缓冲区
          CLR   P2.4      ;关闭ADC0809转换结果输出门
          MOV   A,P2      ;计算下一通道地址
          ANL   A,#07H
          INC   A
          ANL   A,#07H
          MOV   P2,A      ;打开下一通道
          SETB  P2.7      ;启动下一通道转换
          CLR   P2.7
          RETI            ;中断返回
```

(3) 软件延时方法

其具体做法是:单片机启动A/D转换后,就根据转换芯片完成转换所需要的时间,调用一段软件延时程序(一般情况下为保险起见,通常延时时间略大于A/D转换过程所需的时间);延时程序执行完以后,A/D转换也已完成,即可读出结果数据。这种方法可靠性比较高,不必增加硬件连线,但占用CPU的机时较多,多用于CPU处理任务较少的系统中。

5. 参考电平的连接

在A/D转换器中,参考电平的作用是为其内部D/A转换器提供标准电源。它直接关系到A/D转换的精度,因而对该电源的要求比较高,一般要求由稳压电源供电。不同的A/D转换器,参考电源的提供方法也不一样。通常8位A/D转换器采用外电源供给,但是对于精度要求比较高的12位A/D转换器,常在A/D转换器内部设置精密参考电源,而不采用外部电源。

在一些单、双极性模拟量均可接收的A/D转换器中,参考电源往往有两个引脚$V_{REF(+)}$和$V_{REF(-)}$。根据模拟量输入信号极性的不同,这两个参考电源引脚的接法也不同。当模拟量信号为单极性时,$V_{REF(-)}$端接模拟地,$V_{REF(+)}$端接参考电源正端。当模拟量信号为双极性时,$V_{REF(+)}$和$V_{REF(-)}$端分别接至参考电源的正、负极性端。

6. 时钟的连接

A/D 转换器的另一个重要连接信号是时钟，其频率是决定芯片转换速度的基准。整个A/D 转换过程都是在时钟作用下完成的。

A/D 转换时钟的提供方法也有两种，由芯片内部提供和由外部时钟提供。由外部时钟提供的方法可以采用单独的振荡器，更多的则是用 CPU 时钟经分频后，送至 A/D 转换器的时钟端子，如图 2.22 所示。

若 A/D 转换器内部设有时钟振荡器，一般不需任何附加电路。也有的根据用法不同，需要改变外接电路。有些转换器则使用内部时钟或外部时钟均可。

图 2.23 所示为采用外部时钟的操作方法。该电路中，外部时钟经两个“与非”门加到 ADC80 的外部时钟输入端。此时，内部时钟不起作用。转换工作的启动是由转换启动端的脉冲上升沿来实现的，且必须使转换启动信号与时钟同步。此时，内部短脉冲不起作用。

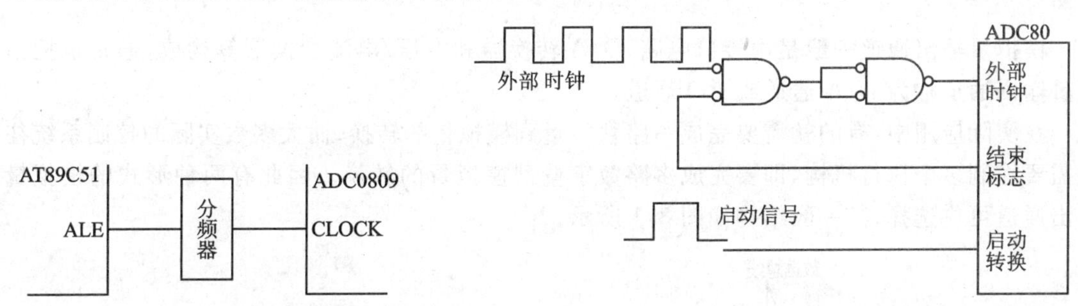

图 2.22　A/D 转换时钟的提供　　图 2.23　采用外部时钟的 A/D 转换电路

习题 2

1. 简述模拟量输入通道一般结构原理。
2. 简述串模干扰及其滤波方法。
3. 简述共模干扰及其滤波方法。
4. A/D 转换器的结束信号(设为 EOC)有什么作用?
5. 设某 12 位 A/D 转换器的输入电压为 0～5 V，求出当输入模拟量为下列值时的输出数字量：

(1) 1.25 V　(2) 2 V　(3) 2.5 V　(4) 3.75 V　(5) 4 V　(6) 5 V

6. 试设计一个温度采集控制系统(8 路)，系统时钟频率为 12 MHz，设对 8 路通道采集一遍，采得数据存放在以 DATA 为起始地址的单元中，采用查询方式读取转换数据，请编写程序。

第3章

模拟量输出

在单片机控制系统中，输出信号中模拟量为数不少，它们是单片机输出的数字信号经过模拟量输出通道处理后得到的。

模拟量输出通道的任务是把计算机处理后的数字量信号先通过数据总线、隔离装置，再通过 D/A 转换器转换成模拟电压或电流信号，经放大用以驱动相应的执行器，从而达到控制的目的。

模拟量输出通道一般是由接口电路、D/A 转换器和电压/电流变换器等构成，通常也把模拟量输出通道称为 D/A 通道或 AO 通道。

在实际应用中，有的就需要完成一路数字量到模拟量的转换，而大多数实际的控制系统往往需要控制多个执行机构，即要完成多路数字量到模拟量的转换。因此有两种形式的模拟量输出通道可供选择，其一般结构如图 3.1 所示。

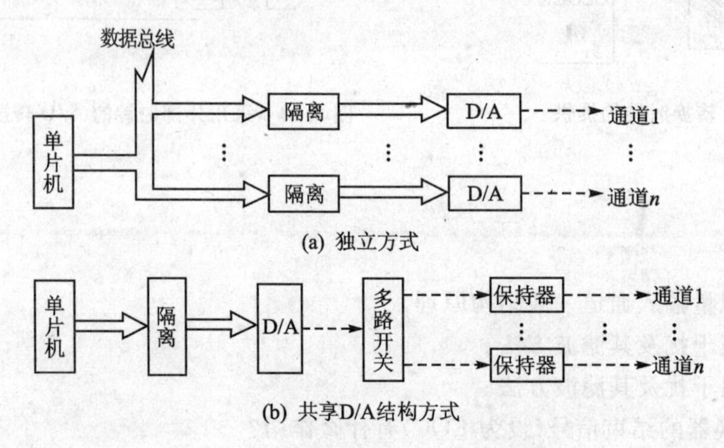

图 3.1　模拟量输出通道的一般结构

执行机构和被控对象与控制任务密切相关。模拟量输出接口的结构主要取决于执行机构输入信号的类型、大小、数量以及输出通道所处的工作环境。

(1) 单通道输出接口

根据单片机输出信号的形式和执行机构输入信号的形式，单通道输出接口的结构如图

3.2 所示。

单片机输出的数字(离散)控制信号的形态是二进制数字量和脉冲(频率)量,它经系统总线接口和光电隔离后,传递到 D/A 转换器转换成模拟控制信号;通常执行机构的驱动信号所需功率较大,所以要用功放放大;驱动信号多是电压量,也有些是电流量,例如电磁阀的线圈等标准控制器件,这时还需电压/电流(V/I)变换。

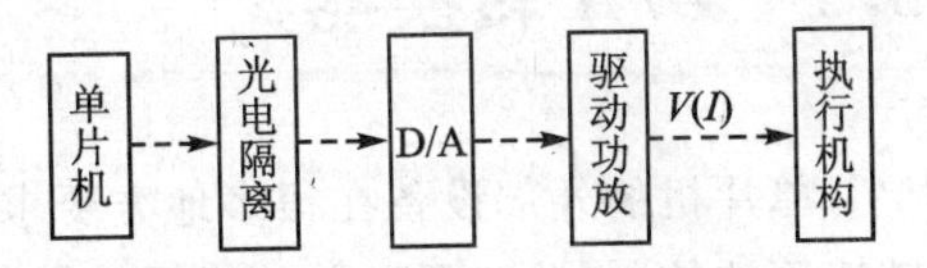

图 3.2　单通道模拟量输出接口

目前,随着一般的 D/A 转换器价格的降低,每个通道用一个 D/A 转换器的情况逐渐多了起来。

(2) 多通道模拟量输出接口

实际应用中通常是多放大倍数控制。

多模拟量输出接口的结构如图 3.3 所示,它有两种基本形式。图 3.3(a)所示为多路独立形式,每一路均采用一个 D/A 转换器;系统总线接口中数据缓冲器的输出数据同时送到各路

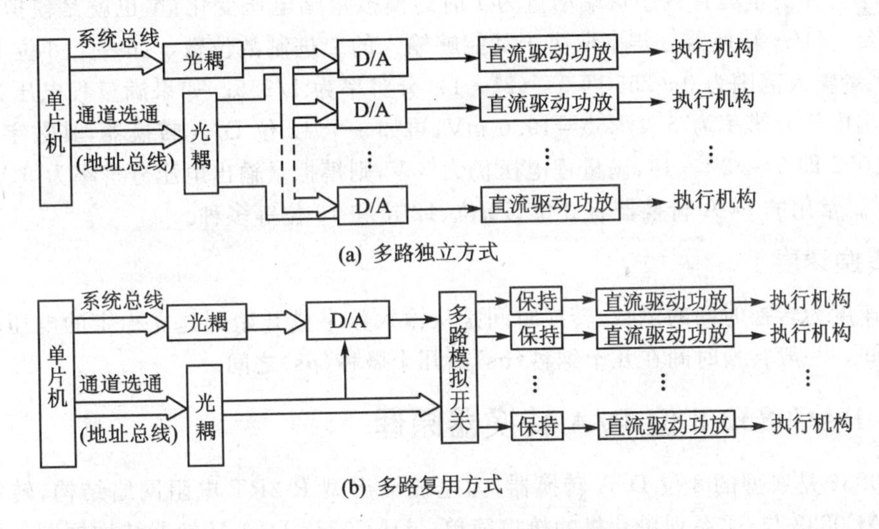

图 3.3　多通道模拟量输出方式

D/A 的输入端,由地址总线产生选通信号决定某一路 D/A 转换,其他路的 D/A 转换器禁止转换;多路独立形式精度高,但 D/A 芯片多,不经济,尤其是当需要的 D/A 转换器精度较高时,成本就大大增加。图 3.3(b)所示为多路复用形式,由一个 D/A 转换器、一个多路模拟开关和多个采样保持器组成。多路开关在地址总线控制下,D/A 的输出经其分时分配给各路输出;保持器的作用是将前一模拟输出信号保持到后一模拟输出,以保持模拟输出信号的连续;多路复用形式成本低,但精度差。

3.1 D/A 转换器

单片机的外部设备在很多地方要求输出连续变化的物理量，例如对温度、流量、压力以及转速等的控制，此时要求单片机系统输出连续变化的电压。这种输出形式称为模拟量输出。

单片机 I/O 输出是数字量，即只有 0 和 1，也就是说 I/O 引脚的输出只有 0 V 和 5 V 两种状态。欲得到模拟量输出就必须将单片机输出的数字量转换成模拟量。能完成这种转换的器件被称为 D/A 转换器(数/模转换器，或 DAC)。

3.1.1 D/A 转换器的性能指标

D/A 转换器的性能指标很多，主要性能指标包括以下 2 个。

1. 分辨率

分辨率为在满量程且数字量端增量为 1 时的模拟量端电压变化量，也就是模拟量输出时的最小增量。D/A 转换器分辨率取决于其能够输入的二进制数位数。如一个 8 位 D/A 转换器，其数字量输入范围为 0～255 即 0～(2^8-1)，分辨率为 1/255。如果满量程电压为 5 V，则模拟量输出电压分辨率为 5 V/255=19.6 mV；再如一个 12 位 D/A 转换器，其数字量输入范围为 0～4 095 即 0～($2^{12}-1$)，满量程电压仍为 5 V，则模拟量输出电压分辨率为 5 V/4 095=1.221 mV。常用的 D/A 转换器有 8 位、10 位、12 位和 16 位等多种。

2. 转换速度

转换速度为转换时间的倒数，转换时间是从输入数字量开始到建立稳定的电压输出为止所需的时间。一般转换时间在几十纳秒(ns)到几十微秒(μs)之间。

3.1.2 DAC0832 8 位 D/A 转换器原理

DAC0832 是典型的 8 位 D/A 转换器，为电流输出型 R-2RT 电阻网络结构，转换时间为 32 μs。DAC0832 与 51 系列单片机的接口简单。DAC0832 D/A 转换器结构框图如图 3.4 所示。引脚排列如图 3.5 所示。

各引脚功能说明如下：

VCC：数字电源(+5～+17 V)。

DGND：数字电源地。

V_{REF}：模拟量输出参考电源(−10～+10 V)。

R_{FB}：输出电压反馈信号。

$\overline{CS}$：片选输入信号，低电平有效。当$\overline{CS}$=0 时，该芯片被选中工作。

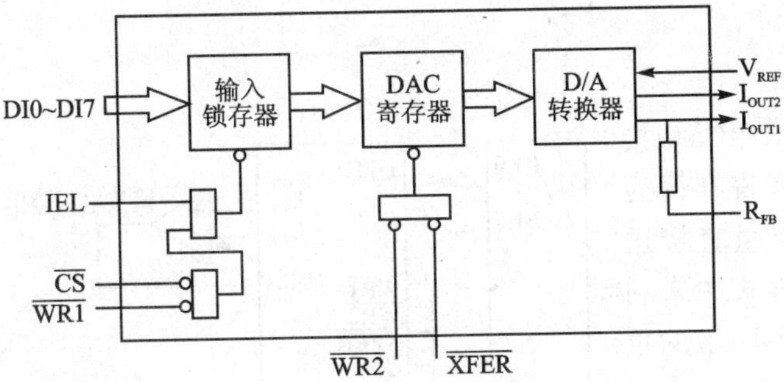

图 3.4 DAC0832 D/A 转换器结构框图

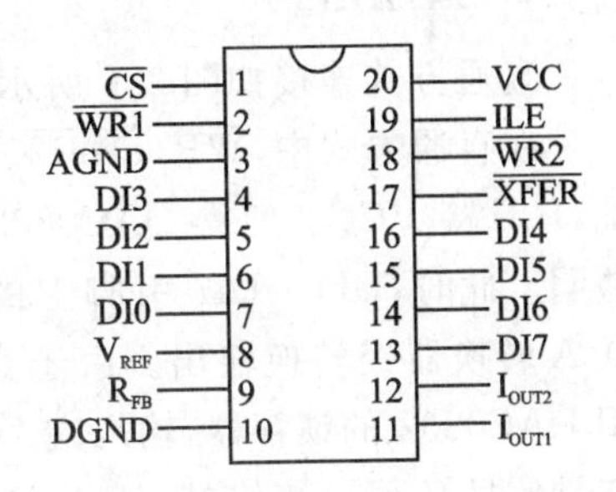

图 3.5 DAC0832 引脚图

ILE：输入锁存信号。当 ILE＝1 时，数字量有可能进入输入寄存器；当 ILE＝0 时，将输入的数字量锁存在输入寄存器中。

$\overline{WR1}$：写信号 1，低电平有效，控制输入锁存器的写入。

$\overline{WR2}$：写信号 2，低电平有效，控制 DAC 寄存器的写入。

$\overline{XFER}$：传送控制信号，低电平有效，控制数据从输入寄存器向 DAC 寄存器的传送。

DI0～DI7：数字量输入。

3.1.3 DAC0832 的工作方式

DAC0832 有 3 种工作方式，分别是直通方式、单缓冲方式和双缓冲方式。

直通方式：两个寄存器均为透明状态，即 ILE＝1，$\overline{WR1}$、$\overline{WR2}$和$\overline{XFER}$固定接地。数字量输入端有输入时，直接传送到 D/A 转换器转换输出。直通方式用于单片机系统中只有一片 DAC0832 的情况，$\overline{CS}$＝0 时单片机通过 DI0～DI7 引脚输入的数字量直接转换成模拟量输出。

单缓冲方式：两个寄存器中的一个为直通，一般情况下使 DAC 寄存器为直通，即 ILE 和$\overline{WR1}$受控，$\overline{WR2}$和$\overline{XFER}$为 0；或两个寄存器均不为直通，但$\overline{XFER}$为 0，$\overline{WR1}$和$\overline{WR2}$连在一起，当写信号到达时，$\overline{WR1}$和$\overline{WR2}$同时有效，输入的数字量被传送到 D/A 转换器转换输出。单缓冲方式一般用于系统中有多路 D/A 转换但相互之间不要求同步的情况。

双缓冲方式：在单片机系统中有多路 D/A 转换器，并要求 D/A 转换输出同步时，采用双缓冲方式。工作过程如下：① 利用$\overline{CS}$、$\overline{WR1}$和 ILE 将数字量分别锁存在各片 DAC8032 的输入寄存器中；② 所有 DAC0832 的$\overline{WR2}$连在一起，在要求输出的时刻，写信号有效使得各片 DAC0832 的$\overline{WR2}$同时有效，实现多路 D/A 输出同步。

3.1.4 DAC0832 与单片机的连接

DAC0832 与 AT89C51 单片机的具体连接须根据 DAC0832 的工作方式（直通、单缓冲或双缓冲）决定。与单片机连接时，DAC0832 作为一个或两个外部储存单元存在。

1. 直通方式

直通方式连接如图 3.6 所示。

在直通方式中，$\overline{WR1}$、$\overline{WR2}$、$\overline{XFER}$和$\overline{CS}$均接地，ILE 接 VCC。使得 DAC0832 的各寄存器为透明。此时，DI0～DI7 引脚上的数字量直接送 D/A 转换器经转换输出。由于直通方式中未利用 DAC0832 的锁存器，输入端 DI0～DI7 上的数字量信号必须一直维持，所以 DAC0832 的输入端接 AT89C51 的 P1 口。另外，DAC0832 是电流输出型器件，欲得到模拟电压输出则需在 DAC0832 的输出端接电流/电压转换器。转换器一般应用运算放大器组成(见图 3.6)。

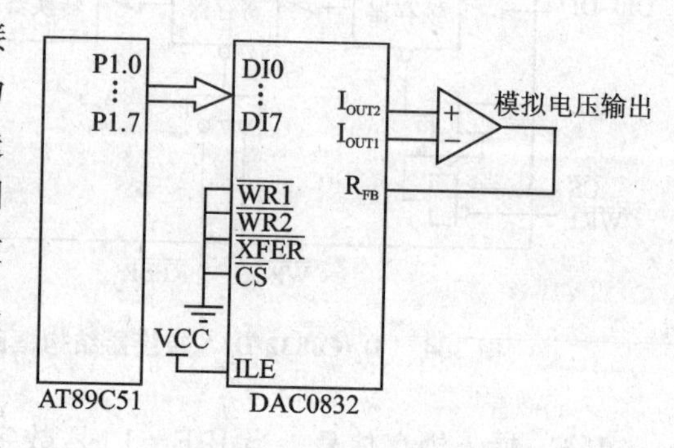

图 3.6 直通方式连接图

［**例 3.1**］ DAC0832 以直通方式输出锯齿波，波形周期为 100 ms、$V_{REF}=+5$ V；幅值范围为 0～5 V。单片机晶体振荡器频率为 12 MHz。

解

① DAC0832 是 8 位 D/A 转换器，分辨率为 1/255，锯齿波的幅值范围为 0～5 V。波形在 100 ms 的时间内从 0 V 上升到 5 V，共上升 255 次，每次一个单位，即 5 V/255＝1.96 mV。两次上升的时间间隔为 100 ms/255＝392 μs。

② 在程序中，使用定时器定时 392 μs，在定时中断服务程序中将 P1 口的内容加 1。当 P1 口内容为 FFH(255)时，再加 1 变成 0，使得 DAC0832 的输出由 5 V 变成 0 V。上述过程反复循环。

参考程序如下：

```
MAIN:   MOV     A,＃0
LOOP:   MOV     P1,A
        INC     A
        ACALL   DELAY        ;调延时子程序
        SJMP    LOOP
DELAY:  MOV     R2,＃194     ;延时子程序，延时 392 μs
        DJNZ    R2,$
        RET
```

2. 单缓冲方式

采用单缓冲方式时，根据单片机系统中总线的使用情况，可以有以下两种接线方式：一是

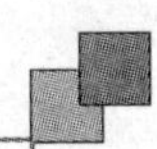

总线上只有一片 DAC0832 且无其他器件使用总线,此时可以省去地址锁存器;另一种情况是总线上有多片 DAC0809 或仅有一片 DAC0809 但有其他种类芯片分时使用总线,此时须使用地址锁存器为当前要控制的 DAC0809 提供唯一地址。

在单缓冲方式中,如果系统中数据总线上只有一片 DAC0832,并且无其他器件使用总线,则$\overline{WR2}$、$\overline{XFER}$和$\overline{CS}$均接地,ILE 接 VCC。DAC0832 输入锁存器锁存控制端$\overline{WR1}$与单片机 AT89C51 的写信号输出端$\overline{WR}$相连。当单片机执行 MOVX 指令时,由$\overline{WR}$通过 DAC0832 的$\overline{WR1}$将数据锁存于输入锁存寄存器。DAC 寄存器为透明。单缓冲方式无地址锁存器的连接如图 3.7 所示。

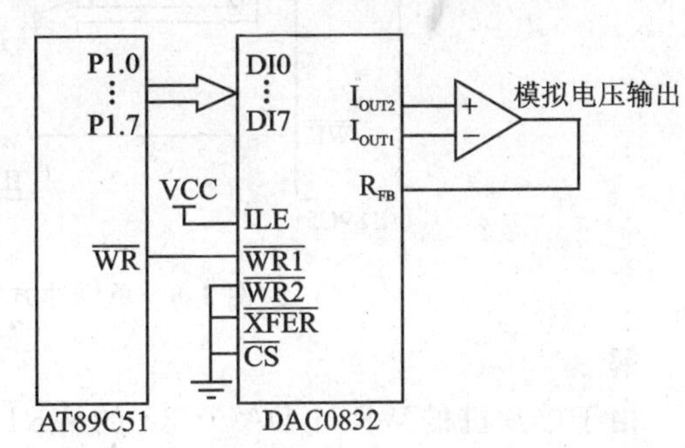

图 3.7 单缓冲方式无地址锁存器连接图

[例 3.2] 要求与例 3.1 相同,只是 DAC0832 以单缓冲方式输出锯齿波,波形周期为 100 ms,$V_{REF}=+5$ V;幅值范围为0~5 V。单片机晶体振荡器频率为 12 MHz。

解

由于单片机的$\overline{WR}$与 DAC0832 的$\overline{WR1}$连接,须使用 MOVX 指令产生 WR 信号,如"MOVX @R0,A"。R0 在指令中作为寄存器间接寻址的地址指针,其内容对程序执行结果无任何影响,也就是说 R0 中的内容是任意的。

参考程序如下:

```
MAIN:    MOV      A,#0
LOOP:    MOVX     @R0,A
         INC      A
         ACALL    DELAY        ;调延时子程序(延时子程序略)
         SJMP     LOOP
```

在单缓冲方式中,如果系统中数据总线上有多片 DAC0809 但不要求输出同步,或仅有一片 DAC0809 但有其他种类芯片分时使用总线,此时须使用地址锁存器为当前要控制的 DAC0809 提供唯一地址,则$\overline{WR2}$、$\overline{XFER}$接地,ILE 接 VCC,$\overline{CS}$接地址锁存器的输出端确定地址。DAC0832 输入锁存器锁存控制端$\overline{WR1}$与单片机 AT89C51 的写信号输出端$\overline{WR}$相连。当单片机执行 MOVX 指令时,被地址锁存器锁存的地址信号通过 DAC0832 的 CS 将其选中,$\overline{WR}$通过 DAC0832 的$\overline{WR1}$将数据锁存于输入锁存寄存器。DAC 寄存器为透明。单缓冲方式有地址锁存器的连接如图 3.8 所示。

[例 3.3] 要求与例 3.2 相同,在此假设 DAC0832 的地址为 02H。波形周期为 100 ms,$V_{REF}=+5$ V,幅值范围为 0~5 V。单片机晶体振荡器频率为 12 MHz。

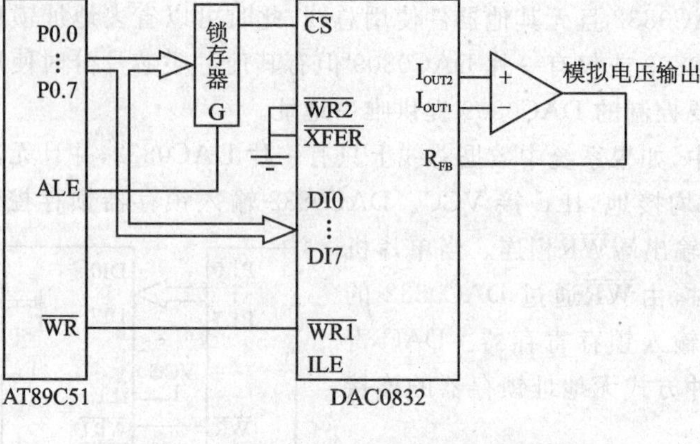

图 3.8 单缓冲方式有地址锁存器连接图

解

由于单片机的 $\overline{WR}$ 与 DAC0832 的 $\overline{WR1}$ 连接，故需使用 MOVX 指令产生 $\overline{WR}$ 信号，如"MOVX @R0,A"。R0 在指令中作为寄存器间接寻址的地址指针，其内容是 DAC0832 的地址。

参考程序如下：

```
MAIN:   MOV     A,#0
        MOV     R0,#02H
LOOP:   MOVX    @R0,A
        INC     A
        ACALL   DELAY           ;调延时子程序(延时子程序略)
        SJMP    LOOP
```

3. 双缓冲方式

双缓冲方式广泛用于要求多个 DAC0832 同步输出的场合。如利用 3 个 DAC0832 输出类似三相交流电的波形，3 个正弦波相位相差 120°，要求 3 个 DAC0832 同步输出，这时就要采用双缓冲方式。

多片 DAC0832 采用双缓冲方式与 AT89C51 单片机的连接如图 3.9 所示。3 片 DAC0832 的片选端 $\overline{CS}$ 分别接地址锁存器的输出端，以便获得自己的地址。3 片 DAC0832 的锁存寄存器锁存控制输入端 $\overline{WR1}$ 被连在一起，接在 AT89C51 单片机的 $\overline{WR}$ 引脚上，即单片机的写信号同时作用在 3 片 DAC0832 的 $\overline{WR1}$；而写信号是否对该片 DAC0832 起作用，要看该片 DAC0832 的 $\overline{CS}$ 是否被选中。DAC0832 的 D/A 转换控制端 $\overline{WR2}$ 接在一起，并接在地址锁存器的另一个输出端，也就是说，$\overline{WR2}$ 是 3 个片选 CS 之外的一个地址。

输出转换过程如下：

① 用"MAVX @R0,A"指令将要转换的数据送入各 DAC0832 的锁存寄存器，其中 R0

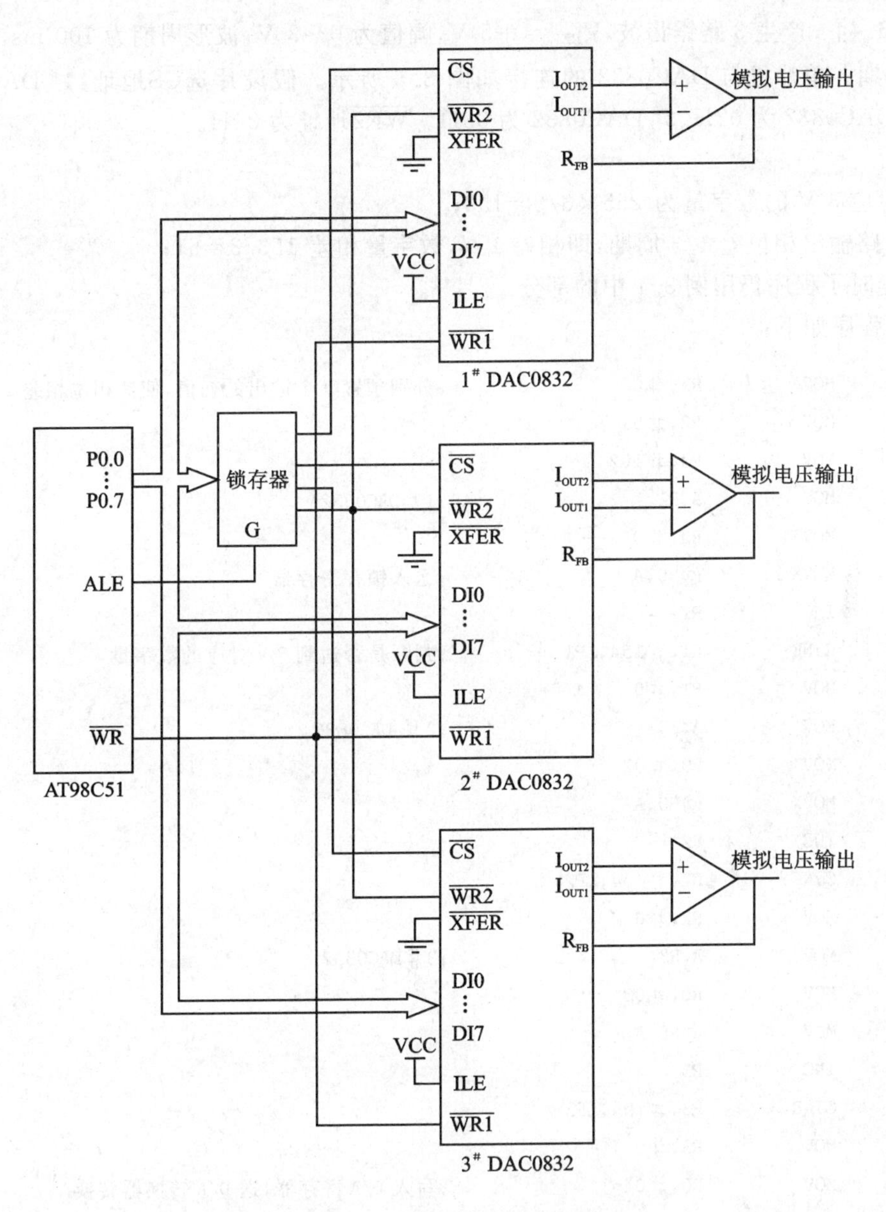

图 3.9 双缓冲方式连接图

分别为 3 片 DAC0832 的地址。

② 用“MAVX @R0,A”指令同时将各片 DAC0832 锁存寄存器中的数据送入 D/A 寄存器由 D/A 转换器转换输出，其中 R0 为 DAC0832 的 $\overline{WR2}$ 所在的地址。注意：3 片 DAC0832 的$\overline{WR2}$是同一个地址，因为 3 片 DAC0832 的$\overline{WR2}$引脚是连在一起的。

[例 3.4] 产生3路锯齿波，$V_{REF}=+5$ V，幅值为0～3 V，波形周期为100 ms，3路相位差1/3周期。单片机与DAC0832的连接如图3.6所示。假设片选$\overline{CS}$地址：1# DAC0832为01H、2# DAC0832为02H、3# DAC0832为03H。$\overline{WR2}$地址为04H。

解

① 对应3 V的数字量为255×3/5=153；

② 3路输出相位差1/3周期，即相差1 V，数字量相差153/3=51；

③ 延时子程序仍用例3.1中的部分。

参考程序如下：

```
MAIN:   MOV     R1,#0           ;分别预置3个输出的初值,使其相位相差1/3周期
        MOV     R2,#51
        MOV     R3,#102
LOOP:   MOV     A,R1            ;1#DAC0832
        MOV     R0,#01
        MOVX    @R0,A           ;送入锁存寄存器
        INC     R1
        CJNE    R1,#154,LP1     ;判断是否达到3 V对应的数字量
        MOV     R1,#0
LP1:    MOV     A,R2            ;2# DAC0832
        MOV     R0,#02
        MOVX    @R0,A
        INC     R2
        CJNE    R2,#154,LP2
        MOV     R2,#0
LP2:    MOV     A,R3            ;3#DAC0832
        MOV     R0,#03
        MOV     @R0,A
        INC     R3
        CJNE    R3,#154,LP3
        MOV     R3,#0
LP3:    MOV     R0,#04          ;写入D/A寄存器,送D/A转换器转换
        MOVX    @R0,A           ;此时A中的内容为任意
        ACALL   DELAY           ;调延时子程序(延时子程序略)
        AJMP    LOOP
```

3.2 模拟量输出信号应用实例

在电子实验室里波形发生器是典型的电子实验设备，在生产实践和科技领域中有着广泛的应用。在工业、农业、生物医学等领域内，如高频/工频感应加热、熔炼、淬火、超声诊断、核磁共振成像等，都需要用到功率或大或小、频率或高或低的波形发生器。

1. 设计要求与方案

由单片机与D/A转换器构成波形发生器。在本例中要求产生如图3.10所示的波形，波形数据见表3.1。波形的频率可调，其范围为1～20 Hz。用2个按键调整频率并用数码管显示。

由单片机与D/A转换器构成的波形发生器可以实现任意形状波形输出：首先，确定波形的图形；然后，产生波形数据。将波形图按等时间间隔计算图形的坐标，间隔时间越小得到的输出波形越接近理想波形，但数据量会大幅增加。在程序中将波形数据整理成表。

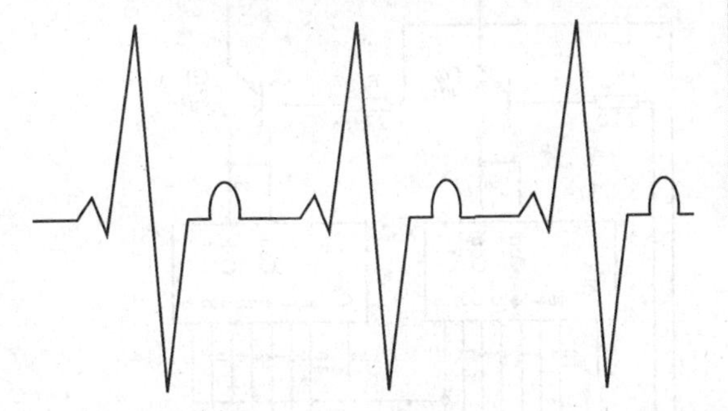

图3.10 波形图

程序运行时按一定的时间间隔逐个读取波形数据，并送到D/A转换器进行转换。通过转换得到相应的输出电压，即还原出波形。每次送数据的时间间隔决定了波形的频率。欲获得与原波形一致的波形，则时间间隔要取制作波形数据表时的时间间隔。当然，也可以改变时间间隔，这样就改变了输出波形的频率。

表3.1 波形等时间间隔数据表(100个数据)

分 组	相对幅值(十进制)									
1	128	128	128	128	128	128	128	128	128	130
2	132	136	140	144	148	144	140	136	132	128
3	124	120	116	112	108	110	120	130	140	150
4	160	170	180	190	200	210	220	230	240	245
5	240	230	220	210	200	190	180	170	160	150
6	140	130	120	110	100	90	80	70	60	50
7	40	30	20	15	20	30	40	50	60	70
8	80	90	100	110	120	128	128	128	128	131
9	133	134	135	136	136	137	137	137	137	136
10	136	135	134	133	131	130	128	128	128	128

2. 电路设计

波形发生器电路原理图如图3.11所示，通过DAC0832来实现D/A转换。DAC0832以直通方式工作，单片机P0口输出的数字量直接转换成模拟电流量。

DAC0832是电流输出型D/A转换器，为取得电压输出波形需要通过电流/电压转换器将DAC0832的输出电流转换为电压的输出。运算放大器U3(LM324)作为电流/电压转换器，U3的引脚1输出的是经过转换后的电压信号。R_{11}为反馈电阻，调整R_{11}的阻值可以改变电压输出幅值。

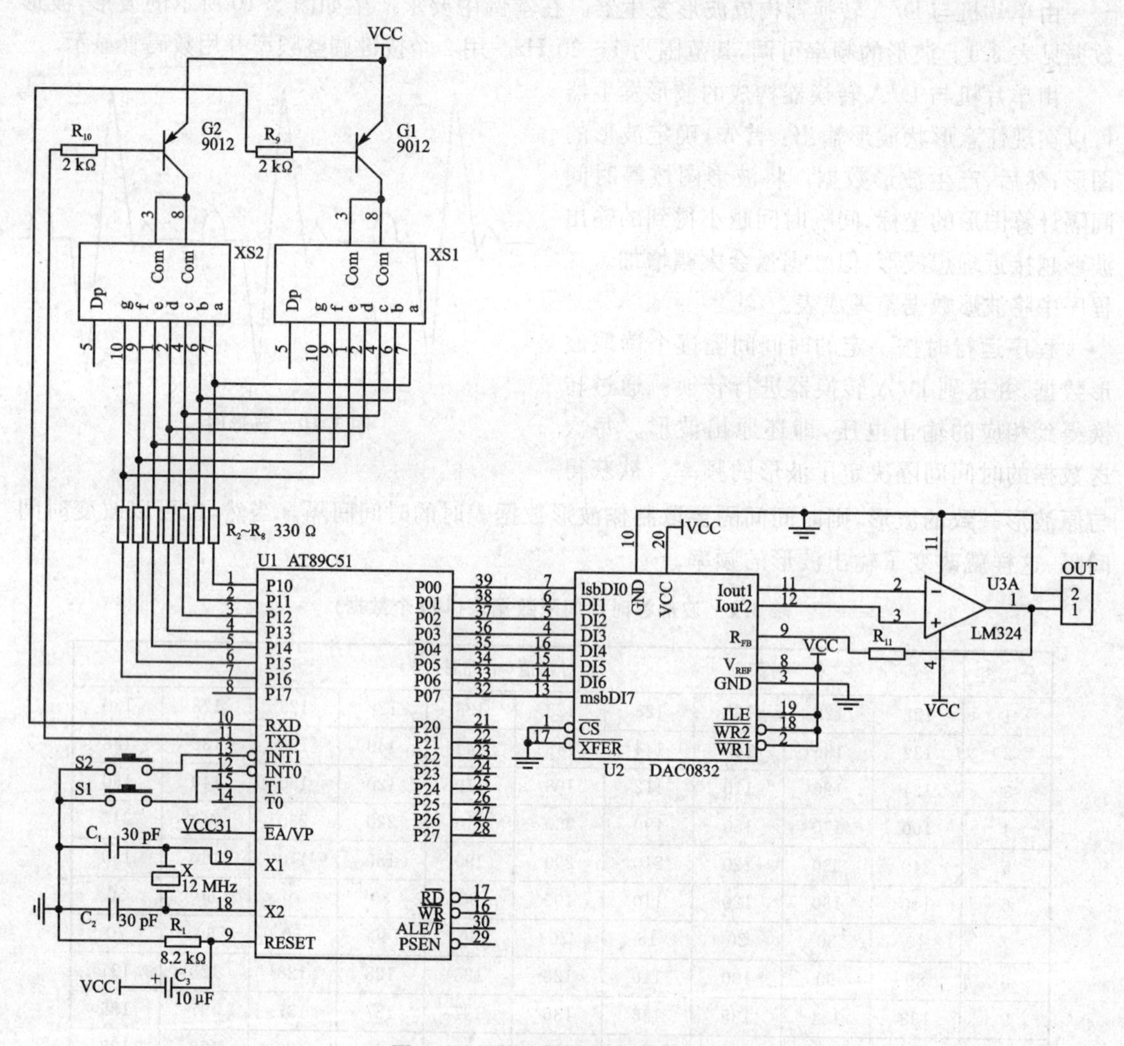

图 3.11 波形发生器电路原理图

2个按键S1、S2用来调整波形输出频率：按下一次S1，频率即升高1 Hz；按下一次S2，频率即下降1 Hz。

晶体振荡器X的频率为12 MHz，指令周期为1 μs。2只共阳LED数码管用于显示输出波形频率，采用动态显示方式，数码管的段码由P1口提供；个位由P3.0控制，十位由P3.1控制。P3.0和P3.1高电位时相应数码管灭，低电位时相应数码管亮。

3. 程序流程

程序流程如图3.12所示。

(1) 主程序

主程序的任务是初始化和启动定时器。初始化中开放外中断INT0、INT1和定时/计数器T0、T1。INT0、INT1设触发方式为边沿触发；定时/计数器T0、T1工作于方式1；定时器T0、T1为高优先级；T0预定时10 ms，T1定时5 ms；启动T0和T1。

(2) 外中断INT0中断服务程序

外中断INT0中断服务程序的作用为：按键S1按下后，如果当前频率高于20 Hz，则频率值加1，即R4内容加1，并转换成BCD码个位存于30H，十位存于31H；如果当前频率为20 Hz，则直接返回。

(3) 外中断INT1中断服务程序

外中断INT1中断服务程序的作用为：按键S1按下后，如果当前频率高于1 Hz，则频率值减1，即R4内容减1，并转换成BCD码个位存于30H，十位存于31H；如果当前频率为1 Hz，则直接返回。

(4)定时器T0中断服务程序

定时器T0中断服务程序有两项任务：一是根据当前频率即R4的内容计算对应定时器初值在数表TABF中的偏移量，取出其数值装入T0；二是根据波形点位置计数器R3的内容在表TABDATA中查到对应数据，取出送DAC0832转换，并将“R3+1”为下一次进入本中断取下一个数据转换作准备。

(5) 定时器T1中断服务程序

定时器T1中断服务程序的任务是控制动态显示2个数码管之间的切换。R2=0时显示个位，30H单元内容送P1口即段码，P3.0=0点亮个位数码管，然后R2+1，为下一次本中断显示十位作准备；R2=1时显示十位，31H单元内容送P1口，P3.1=0点亮十位数码管，然后R2=0，为下一次本中断显示个位作准备。

4. 程序设计

① 用定时/计数器T0方式1完成D/A转换间隔时间定时，晶振频率为12 MHz。1 Hz时，100个数据在1 s内转换完成，每次转换间隔10 ms。计算定时器初值X为

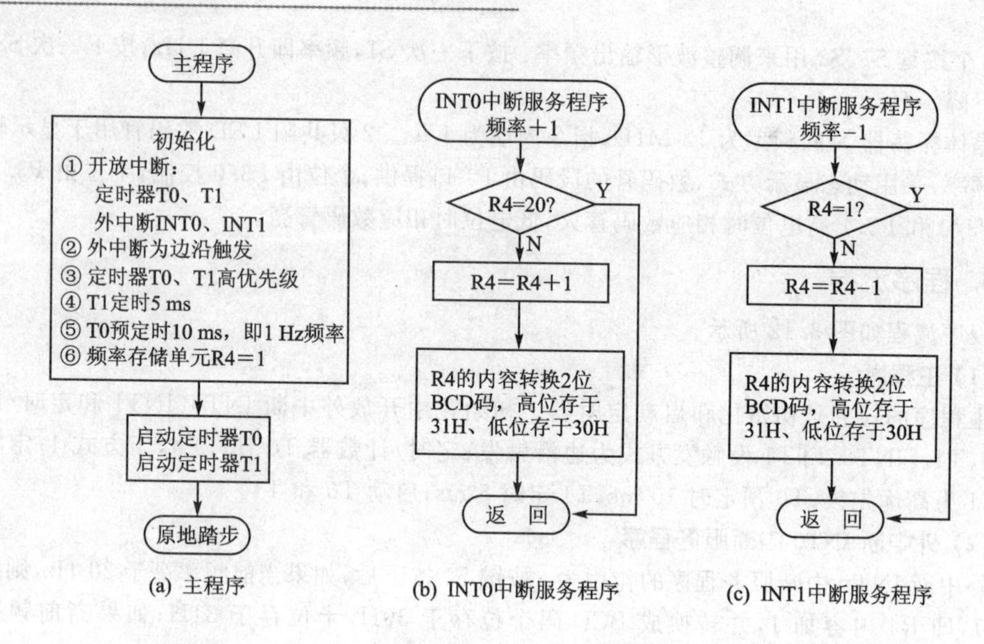

(a) 主程序　　(b) INT0中断服务程序　　(c) INT1中断服务程序

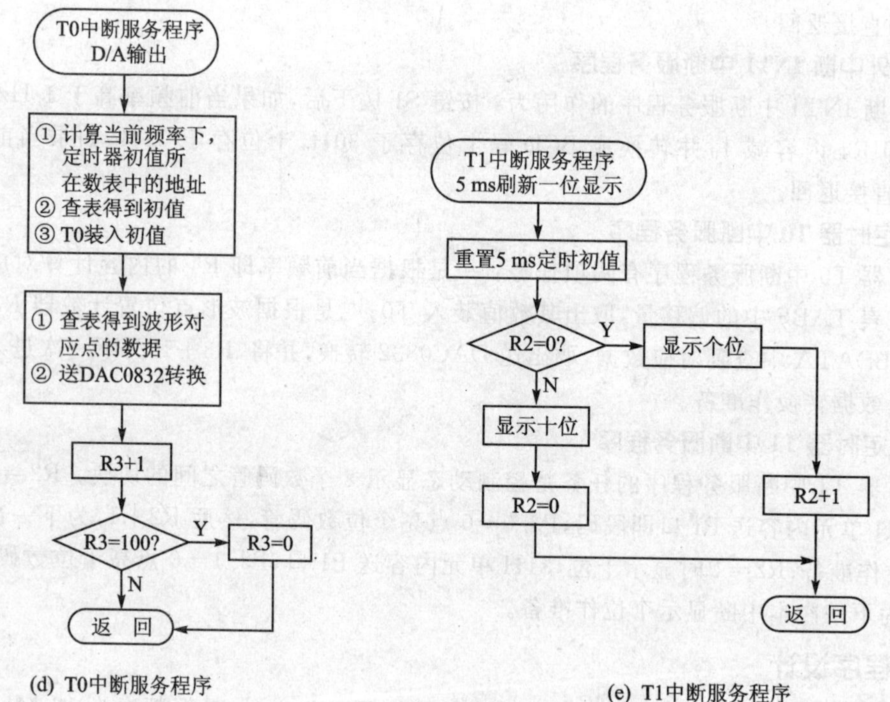

(d) T0中断服务程序　　(e) T1中断服务程序

图 3.12 波形发生器程序流程图

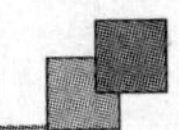

$$X=2^{16}-(10\times10^{-3})/(1\times10^{-6})=55\,536\text{D}=\text{D8F0H}$$

故定时/计数器 T0 初值为 D8F0H。

表 3.2 列出了 1～20 Hz 时的定时/计数器 T0 初值。

② 数码管动态显示，每位显示 5 ms，然后切换显示下一位，5 ms 定时由定时/计数器 T1 工作方式 1 控制。计算定时器初值 X：

$$X=2^{16}-(5\times10^{-3})/(1\times10^{-6})=60\,536\text{D}=\text{EC78H}$$

故定时/计数器 T1 初值为 EC78H。

表 3.2　1～20 Hz 时对应的 T0 初值

频率/Hz	时间间隔/μs	定时器初值（十六进制）	频率/Hz	时间间隔/μs	定时器初值（十六进制）
1	10000	D8F0H	11	909	FC73H
2	5000	EC78H	12	833	FCBFH
3	3333	F2FBH	13	769	FCFFH
4	2500	F63CH	14	714	FD36H
5	2000	F830H	15	667	FD65H
6	1667	F97DH	16	625	FD8FH
7	1428	FA6CH	17	588	FDB4H
8	1250	FB1EH	18	556	FDD4H
9	1111	FBA9H	19	526	FDF2H
10	1000	FC18H	20	500	FE0CH

参考程序如下：

```
ORG     0000H
AJMP    MAIN
ORG     0003H
AJMP    ADDF          ;频率加 1
ORG     000BH
AJMP    DAOUT         ;转换输出
ORG     0013H
AJMP    SUBF          ;频率减 1
ORG     001BH
AJMP    DISP          ;5 ms 刷新一位显示,10 ms 为一个显示刷新周期
```

```
MAIN:    MOV     IE,#8FH
         SETB    IT0              ;INT0、INT1边沿触发
         SETB    IT1
         MOV     TMOD,#11H
         MOV     IP,#0AH          ;T0、T1为高优先级
         MOV     SP,#70H
         MOV     TL0,#0F0H        ;先按输出频率为1 Hz设置初值
         MOV     TH0,#0D8H
         MOV     R4,#1            ;R4内容为频率
         MOV     TL1,#78H         ;5 ms显示刷新定时
         MOV     TH1,#0ECH
         SETB    TR0              ;启动定时器
         SETB    TR1
         SJMP    $
;INT0中断,中断服务程序
;频率加1
;R4记录频率
ADDF:    CJNE    R4,#20,ADDF1
         RETI                     ;如果已经是20 Hz,则频率不再增加,直接返回
ADDF1:   INC     R4               ;频率加1
         MOV     A,R4
         MOV     B,#10            ;十六进制的频率值转换为2位十进制
         DIV     AB
         MOV     31H,A            ;存入"十位"缓存
         MOV     30H,B            ;存入"个位"缓存
         RETI
;INT1中断服务程序
;频率减1
SUBF:    CJNE    R4,#1,SUB1
         RETI                     ;如果已经是1 Hz,频率不再减小,直接返回
SUB1:    DEC     R4               ;频率减1
         MOV     A,R4
         MOV     B,#10            ;十六进制的频率值转换为2位十进制
         DIV     AB
         MOV     31H,A            ;存入"十位"缓存
```

```
        MOV     30H,B               ;存入"个位"缓存
        RETI

;T0 中断服务程序
;D/A 输出
;R3:波形输出点计数
DAOUT:  MOV     3AH,A               ;保护 A
        MOV     A,R4
        DEC     A                   ;计算波形间隔初值相对地址
        MOV     B,#2
        MUL     AB
        MOV     R5,A                ;相对地址存入 R5
        MOV     DPTR,#TABF          ;装入与频率对应的间隔的定时器初值
        MOVC    A,@A+DPTR
        MOV     TH0,A
        MOV     A,R5
        INC     DPTR
        MOVC    A,@A+DPTR
        MOV     TL0,A
        MOV     DPTR,#TABDATA       ;装入波形数值
        MOV     A,R3
        MOVC    A,@A+DPTR
        MOV     R0,#0
        MOVX    @R0,A               ;波形输出
        INC     R3
        CJNE    R3,#100,DAOUT1
        MOV     R3,#0
DAOUT1: MOV     A,3AH               ;恢复 A
        RETI

;与频率对应的间隔的定时器初值表
TABF:   DW      0D8F0H,0EC78H,0F2FBH,0F63CH,0F830H
        DW      0F97DH,0FA6CH,0FB1EH,0FBA9H,0FC18H
        DW      0FC73H,0FCBFH,0FCFFH,0FD36H,0FD65H
        DW      0FD8FH,0FDB4H,0FDD4H,0FDF2H,0FE0CH

;波形参数表
TABDATA:    DB      128,128,128,128,128,128,128,128,128,130
```

```
        DB      132,136,140,144,148,144,140,136,132,128
        DB      124,120,116,112,108,110,120,130,140,150
        DB      160,170,180,190,220,210,220,230,240,245
        DB      240,230,220,210,200,190,180,170,160,150
        DB      140,130,120,110,100,090,080,070,060,050
        DB      040,030,020,015,020,030,040,050,060,070
        DB      080,090,100,110,120,128,128,128,128,131
        DB      133,134,135,136,136,137,137,137,137,136
        DB      136,135,134,133,131,130,128,128,128,128
;T1 中断服务程序
;显示 5 ms 刷新 1 位,10 ms 为一个刷新周期
;显示缓冲  十位 3AH 个位 39H
;R2 显示位计数
DISP:   MOV     3AH,A                   ;保护 A
        MOV     TL1,#78H
        MOV     TH1,#0ECH
        MOV     DPTR,#TABD
        INC     R2
        CJNE    R2,#00H,DISP1
        MOV     A,30H                   ;显示个位
        MOVC    A,@A+DPTR
        MOV     P1,A
        CLR     P3.0
        AJMP    DISPF
DISP1:  MOV     A,31H                   ;显示十位
        MOVC    A,@A+DPTR
        MOV     P1,A
        CLR     P3.1
        MOV     R0,#0
DISPF:  MOV     A,3AH                   ;恢复 A
        RETI
TABD:   DB      0C0H,0F9H,0A4H,0B0H,99H
        DB      92H,82H,0F8H,80H,98H
        END
```

习题3

1. ADC和DAC在微机控制系统中有什么作用？

2. 用8位DAC芯片组成双极性电压输出电路，其参考电压为－5～＋5 V，求对应以下偏移码的输出电压：

(1) 10000000 (2) 01000000 (3) 11111111 (4) 00000001 (5) 01111111 (6) 11111110

3. DAC0832与单片机有几种连接方式？它们在硬件接口及软件程序设计方面有何不同？

4. 试用DAC0832芯片设计一个输出频率为50 Hz的脉冲波电路，并写出程序。

第4章

离散量输入通道

离散信号是指时间上不连续(断续)的信号,它分为两类:一类是时间和数值上都是断续的数字(或编码)信号,常见的有一位的开关量、多位的数字量等;另一类是脉冲信号,常见的有等时间间隔的频率量、计数脉冲序列等。离散信号是微机应用系统需要处理的最基本信号之一。

离散量输入接口由系统总线接口、信号功能转换和电气接口组成。其中,输入接口的电气接口又称为信号调理电路。

4.1 光电耦合隔离技术

在单片机控制系统中,除了要处理模拟量信号以外,还要处理另一类数字信号,包括开关信号、脉冲信号。它们是以二进制的逻辑"1"和"0"或电平的高和低出现的。例如,开关触点的闭合与断开、指示灯的亮与灭、继电器或接触器的吸合与释放、电机的启动与停止、晶闸管的通与断、阀门的打开与关闭、仪器仪表的BCD码以及脉冲信号的计数和定时等。

单片机控制系统的输入信号来自于现场的信号传感器,因此,现场的电磁干扰会通过输入通道进入单片机系统中,这就需要采用通道隔离技术。最常用的方法是光电耦合隔离技术。

4.1.1 光电耦合隔离器

光电耦合隔离器按其输出级的不同可分为晶体管型、单向晶闸管型和双向晶闸管型等几种,如图4.1所示。它们的原理是相同的,都是通过"电—光—电"这种信号转换,利用光信号的传送不受电磁场的干扰的特点来完成隔离功能。

下面以最简单的晶体管型光电耦合隔离器为例来说明它的结构原理。如图4.2所示,晶体管型光耦器件是把发光二极管和光敏三极管封装在一个管壳内,发光二极管为光耦隔离器的信号输入端,光敏三极管的集电极和发射极为光耦的输出端,它们之间的信号传递是靠发光二极管在信号电压的控制下发光,然后传送给光敏三极管来完成的。其输入/输出与普通晶体管的输入/输出特性相似,即存在着截止区、饱和区和线性区三部分。

利用光耦隔离器的开关特性(即光敏三极管工作在截止区和饱和区),可传送数字信号而隔离电磁干扰,简称对数字信号进行隔离。例如在数字量输入/输出通道中,以及在模拟量输

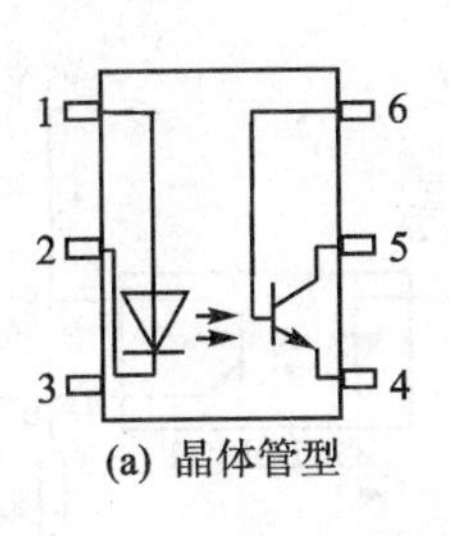

(a) 晶体管型

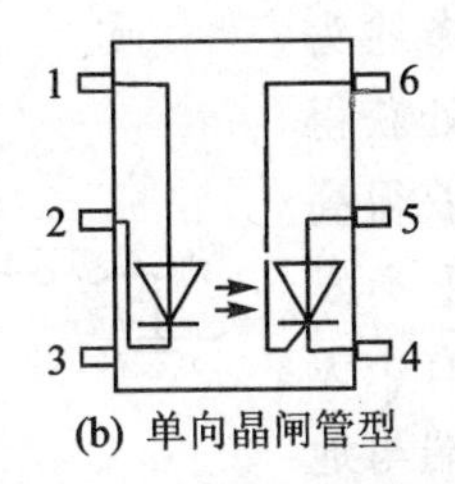

(b) 单向晶闸管型

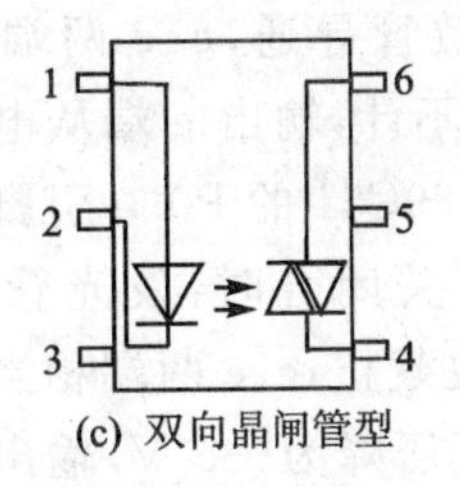

(c) 双向晶闸管型

图 4.1 光电耦合隔离器的几种类型

入输出通道中的 A/D 转换器与 CPU 或 CPU 与 D/A 转换器之间的数字信号的耦合传送，都可利用光耦的这种开关特性对数字信号进行隔离。

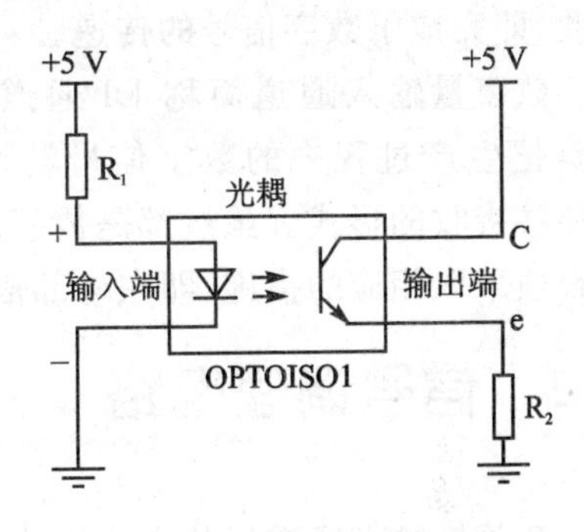

图 4.2 光耦的结构原理

利用光耦隔离器的线性放大区（即光敏三极管工作在线性区），可传送模拟信号而隔离电磁干扰，简称对模拟信号进行隔离。例如在现场传感器与 A/D 转换器之间或 D/A 转换器与现场执行器之间的模拟信号的线性传送，即可利用光耦的这种线性区对模拟信号进行隔离，例如 2.2.4 小节介绍的光电隔离放大器 ISO100。

光耦的这两种隔离方法各有优缺点。模拟信号隔离方法的优点是使用光耦少，成本低；缺点是调试困难，如果光耦挑选得不合适，将会影响 A/D 或 D/A 转换的精度和线性度。数字信号隔离方法的优点是调试简单，不影响系统的精度和线性度；缺点是使用的光耦器件较多，成本较高。但由于光耦器件越来越价廉，数字信号隔离方法的优势凸现出来，因而在工程中使用得最多。

需注意的是，用于驱动发光管的电源与驱动光敏管的电源不应是共地的同一个电源，必须分开单独供电才能有效避免输出端对输入端可能产生的反馈和干扰；另外，发光二极管的动态电阻很小，也可以抑制系统内外的噪声干扰，因此光耦隔离器可用来传递信号而有效地隔离电磁场的干扰。

为了满足单片机控制系统的需求，目前已生产出各种集成的多路光耦隔离器，如 TLP 系列就是其中常用的一种。

4.1.2 光电耦合隔离电路

下面以控制系统中常用的数字信号隔离方法为例，来说明光电耦合隔离电路。典型的光电耦合隔离电路如图 4.3 所示。

光耦隔离电路中的数字量传递电路如图 4.3 所示，光耦的输入正端接正电源，输入负端连到公共地，光耦的集电极 c 端直接接另一个正电源，发射极 e 端通过电阻接地，而光耦的输出端从发射极 e 端引出连到单片机或其他数据缓冲器的数据线。当开关断开时，发光管导通且发光，使得光敏管导通，c、e两端压降约为0.3 V，可忽略不计，输出e端从电源处获得高电平"1"，即89C51的P0.0引脚可获得高电平"1"；当开关闭合时，发光管截止不发光，则光敏管也截止，c、e两端相当于有个无穷大的电阻，其压降为+5 V，输出e端与地同为低电平"0"，即P0.0引脚为低电平"0"。如此，即完成了数字信号的传递。

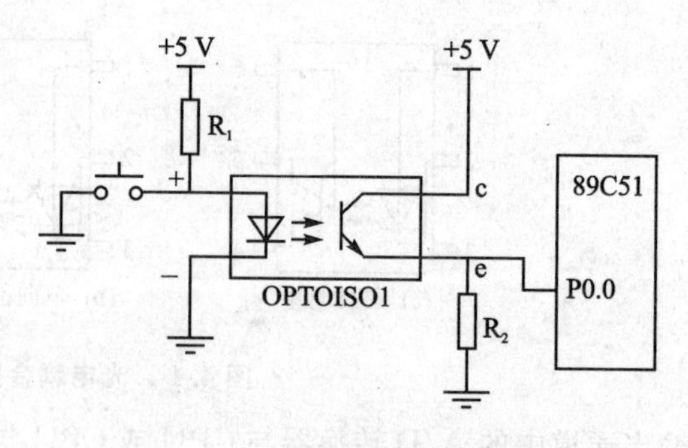

图 4.3 典型光电耦合隔离电路

数字量输入通道简称DI通道，它的任务是把生产过程中的数字信号转换成计算机能够接收的形式。虽然都是数字信号，不需进行A/D转换，但对通道中可能引入的各种干扰必须采取相应的措施，即在外部信号与单片机之间要设置输入信号调理电路。

4.2 信号调理电路

开关量输入通道的基本功能就是接收外部设备的状态逻辑信号。这些状态信号的形成可能是由于电压或电流，也可能是开关的触点，而且还伴随有抖动以及噪声等干扰。因此，为保证微机获取干净的逻辑信号，必须对现场输入的状态信号采取RC滤波整形、开关检测、电平转换、过电压保护、反电压保护及光电隔离等措施，这就是开关量输入信号调理的任务。

RC滤波整形电路，利用RC滤波器滤出高频干扰，用整形芯片进行整形。信号如果要长线传输(如图4.4所示)，一定要加驱动，该图中采用的是反相器和上拉电阻的方式。另外，在信号经长线传输后，或当电路板中前一级有RC滤波电路时，后一级要用门电路加以整形，可选用内带施密特整形电路的门电路集成芯片，如CMOS电平的CC40106等。RC滤波将产生信号延时，编程读入时应考虑这个延时。

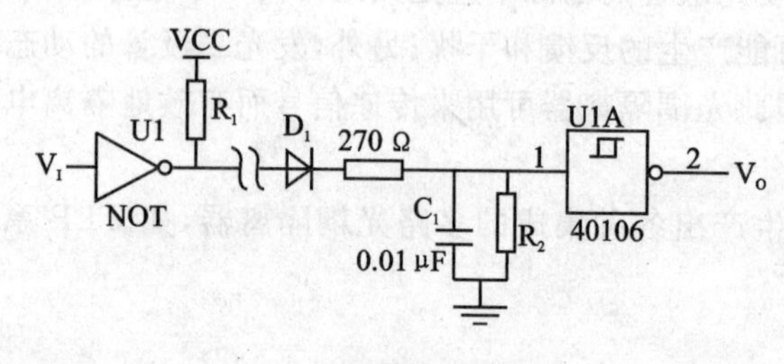

图 4.4 RC滤波整形电路

开关检测电路见图4.5(a)，最好采用RS触发器去抖动电路，或采用软件延时方法去抖动。

电平转换电路见图4.5(b)，是采用电阻分压法把现场的电流信号转换为电压信号。电平的高、低状态经反相器整形成TTL数字信号。

差分电压信号转换成开关量电路见图4.5(c)和(d)，其中电压比较器实际上是一个开环工作的运算放大器，其主要功能是识别加在比较器两输入端上电压之差的相对极性，将模拟差分电压信号转换成TTL电平开关信号。若用运放器作开关电路，反应速度慢，价格高，而电压比较器正相反，且工作点稳定可靠，使用灵活方便，输出电平可与各种数字电路兼容，所以实际中主要使用电压比较器作开关电路。图 4.5(c)所示为反相输入接法，比较器的同相输入端接参考电压 V_R，反相输入端接输入电压 V_I，当 V_I 从低于 V_R 增加到高于 V_R 时，输出 V_O 从高电平下降为低电平。图 4.5(d)所示为同相输入接法，当 V_I 从低于 V_R 变到高于 V_R 时，V_O 从低电平变到高电平。

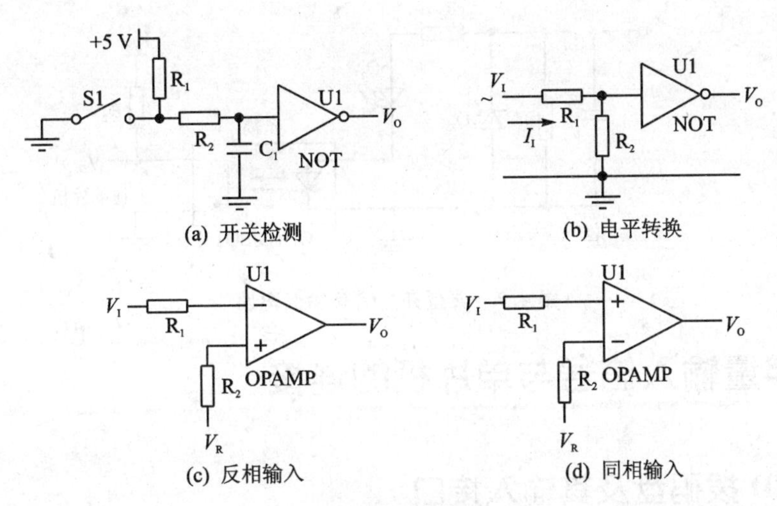

图 4.5 开关量转换电路

从电源传来的浪涌(过电压)、瞬态尖峰或反极性干扰信号等将损坏单片机弱电器件，这时应采取保护措施。过电压保护如图 4.6(a)、(b)、(c)所示。其中(a)是采用齐纳二极管的保护电路，它将瞬态尖峰钳位在安全电平。(b)是采用 RC 串联电路和压敏电阻的保护电路，它们将瞬态尖峰钳位在安全电平。RC 串联电路和压敏电阻可以单独使用，也可同时使用。压敏电阻是一种非线性电阻，在其两端电压(无方向性)较低时呈高阻状态，对电路无影响；当其两端电压超过某临界值(称为压敏电阻的标称电压)时呈低阻状态，吸收外部电流，防止电压过高。压敏电阻的标称电压一般取电源电压的 1.7～1.9 倍。是用稳压管和限流电阻作过电压保护，用稳压管或压敏电阻把瞬态尖峰电压钳位在安全电平上。图 4.6(c)所示为保护电路采用稳压管钳位，简单电阻限流。

反电压保护如图 4.6(d)所示，串联一个二极管防止反极性电压输入。

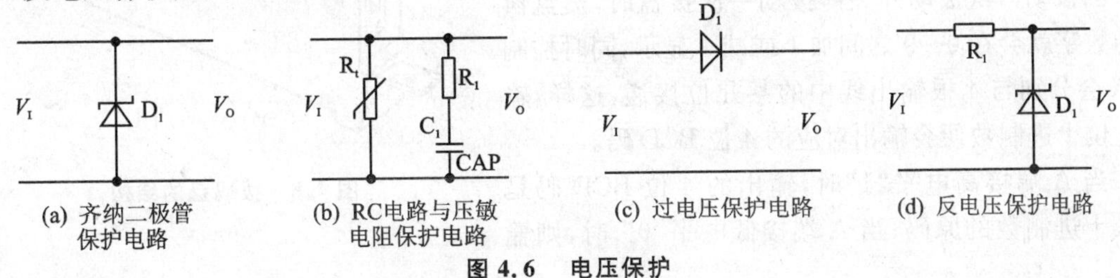

图 4.6 电压保护

图 4.7 所示为典型开关信号输入电路。RC 电路起滤波作用，稳压管 D_2 起源稳压保护作用，R_2 限流电阻，输出 V_O 可直接接入单片机。

脉冲信号的调理电路与开关量的基本相同，只是对有等时间间隔的高频频率量、高频计数脉冲序列采用高频光电耦合器，否则将会出现光电耦合器来不及转换信号而误计数的情况。

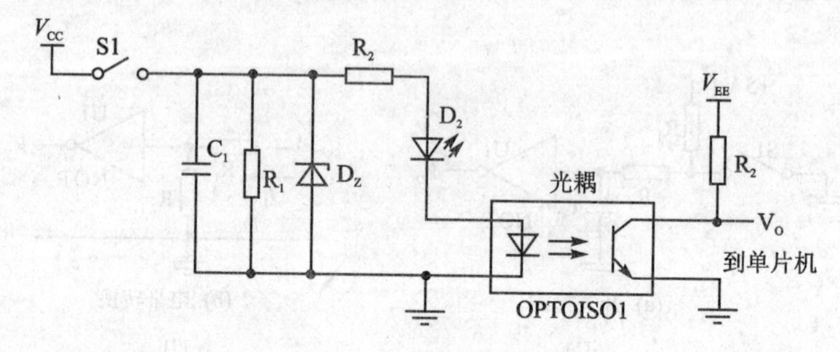

图 4.7 典型开关信号输入电路

4.3 数字量输入信号与单片机的连接

4.3.1 BCD 拨码盘及其输入接口

1. BCD 拨码盘

在单片机控制系统中，对于一些重要的功能、命令或数值，如系统的给定值、极限值、标度变换系数等，常采用拨盘开关的方法。它的特点是读数直观、跳步清晰、代码锁存、定值可靠，既是输入器件又是显示器件。最常见的是 BCD 拨码盘。

BCD 拨码盘开关可以实现 1 位十进制数输入、4 位 BCD 码输出。

拨码盘开关的结构如图 4.8 所示。正面有 2 个拨动开关，分别标有“－”和“＋”，中间有表示拨码盘位置的数字窗口，后面有 5 根引出线，其中输入控制线 A 可以接高电平也可以接低电平，另 4 根为 BCD 码输出线，分别称为 4、8、1、2 端。

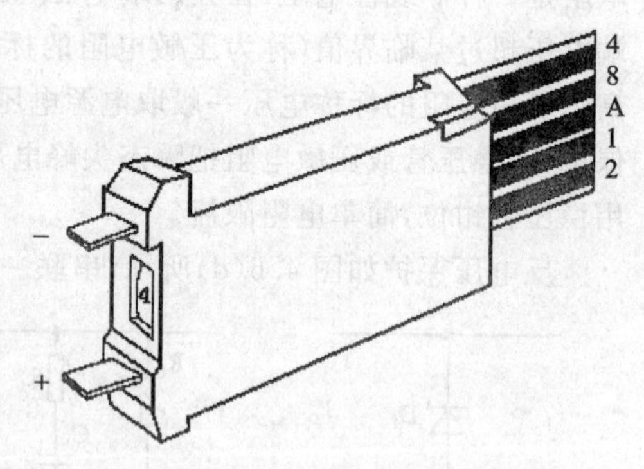

图 4.8 拨码盘的结构

当按动一次拨动开关即拨动一次拨盘时，拨盘窗口的数字就会在 0～9 之间加 1 或减 1 显示，同时控制线 A 会分别与 4 根输出线中的某几位接通，这样，输入 1 位十进制数便会输出对应的 4 位 BCD 码。

当 A 端接高电平“1”时，输出的 4 位 BCD 码是输入十进制数的原码；当 A 端接低电平“0” 时，则输出的4位BCD码是输入十进制数的反码。现以控制端A接+5 V即高电平"1"为例，当拨码盘从位置0拨到位置9时，其拨码盘开关的输入/输出状态如表4.1所列。

表4.1 BCD原码的输入/输出状态表

拨码盘输入	控制端A	输出状态			
		8	4	2	1
0	1	0	0	0	0
1	1	0	0	0	1
2	1	0	0	1	0
3	1	0	0	1	1
4	1	0	1	0	0
5	1	0	1	0	1
6	1	0	1	1	0
7	1	0	1	1	1
8	1	1	0	0	0
9	1	1	0	0	1

比如，当拨盘拨至6时，输出线8、4、2、1端分别为0、1、1、0，即输入1位十进制数6，便会输出4位二进制原码0110。

如果要输入多位十进制数，则只要将多个BCD码拨码盘开关拼接成一组即可。

2. BCD拨码盘开关与AT89C51的接口

单个BCD拨码盘的4根输出线可以与单片机任意一个4位I/O口相连，比如拨码盘的8、4、2、1输出端可以接AT89C51的P1.3～P1.0口，控制端A接+5 V电源。为了使拨盘的4根输出线在不与A端相连时也有确定的电平输出，可将它们经电阻接地，如图4.9所示。

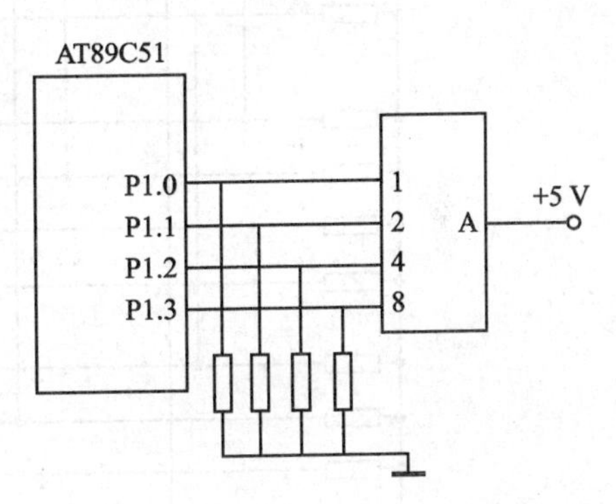

图4.9 拨码盘与AT89C51的连接

当单片机从P1口读外部数据即从引脚读数据时，须先通过指令把P1端口的锁存器置1，然后再实行读引脚操作，否则就可能读入出错。单片机可以通过下述指令，读入拨码盘输出的BCD码：

```
MOV    P1,#0FFH      ;置P1口为输入
MOV    A,P1          ;读P1口的输入状态
ANL    A,#0FH        ;屏蔽高4位,得到输入的BCD码
```

当系统需要输入多位BCD码时，可将多片拨码盘并联安装。若按照图4.9所示的接法，n片拨码盘要占用$n\times4$根I/O口线。为减少I/O口线的占用量，可采用图4.10所示的接法，这

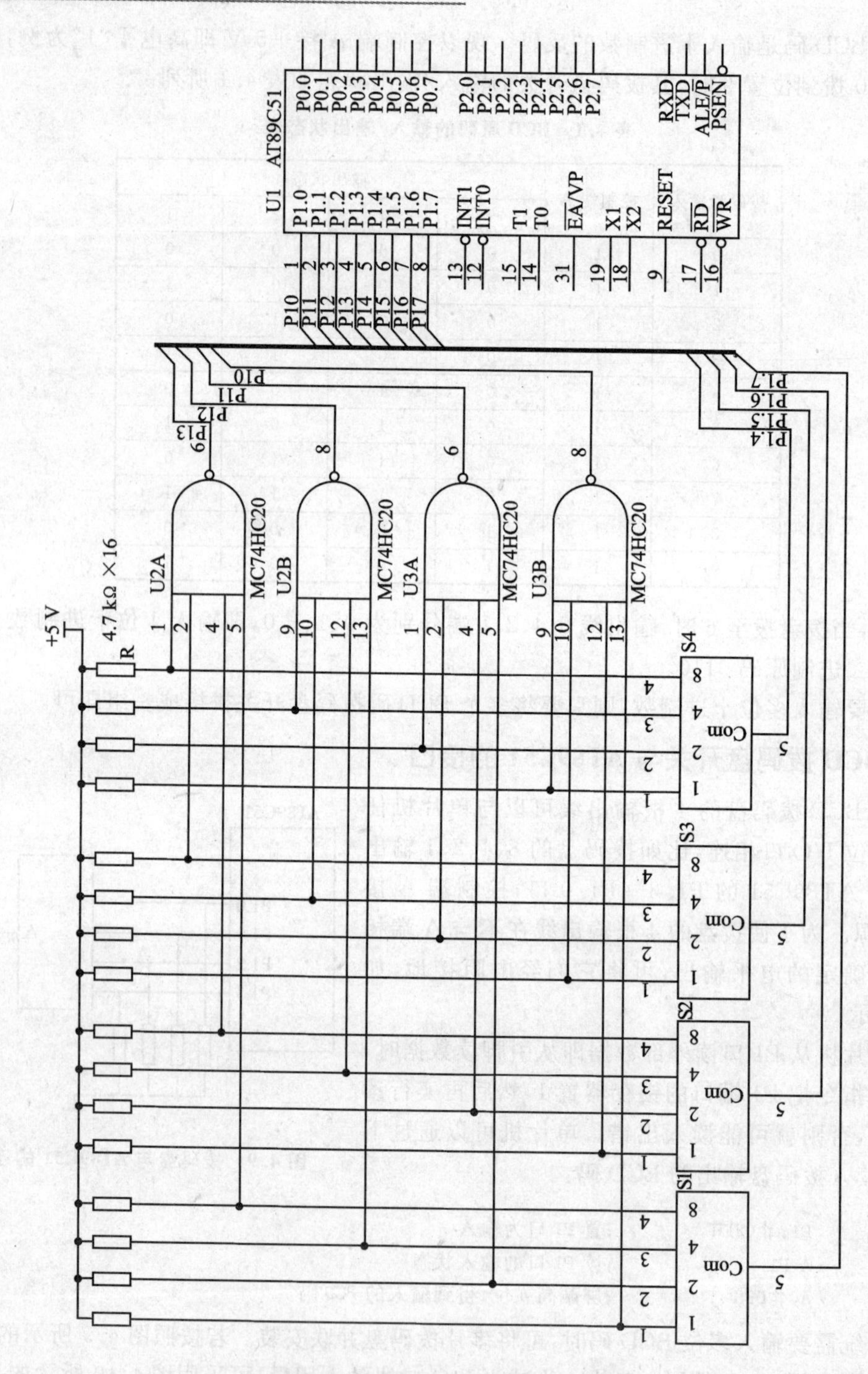

图 4.10　多位拨码盘与 AT89C51 的连接

时 n 片拨码盘只占用(n+4)根I/O口线，4根I/O口线连接 n 片拨码盘的8、4、2、1引脚，n 根口线用于片选，采用分时选通方式。图中S1是千位，S2是百位，S3是十位，S4是个位。4片拨码盘的输出分别通过4个“与非”门与单片机I/O口相接，每片的控制端A不再接+5 V电源或地，而是分别接至I/O口线。当CPU选中某位时，该位的控制端置0，其余3位的控制端置1，例如选中个位S4时，P1.4置0，P1.5～P1.7置1，这时S1、S2、S3的4个引脚8、4、2、1的状态均为1。4个“与非”门的输出状态完全取决于个位BCD拨码盘的输出状态，因为该盘控制端A为0，所以拨码盘输出为BCD反码，通过“与非”门后刚好是个位数的BCD码。

设各位拨码盘已拨好数码(例如1234)，要求读取这4位十进制数，并以单字节BCD码按千、百、十、个位的顺序依次存放在8051片内RAM的30H～33H单元，则相应程序如下：

```
STR:    MOV     R0,＃30H        ;初始化,存放 RAM 单元首地址
        MOV     R2,＃7FH        ;P1 口高 4 位置控制字,用于选择拨码盘,低 4 位置输入方式
        MOV     R3,＃04H        ;输入拨码盘个数
LOOP:   MOV     A,R2            ;向 P1 口送控制字和输入方式
        MOV     P1,A
        MOV     A,P1            ;读入 BCD 码
        ANL     A,＃0FH         ;屏蔽高 4 位
        MOV     @R0,A           ;送入存储单元
        INC     R0              ;指向下一存储单元
        MOV     A,R2            ;准备下一片拨码盘的控制端置 0
        RR      A
        MOV     R2,A
        DJNZ    R3,LOOP         ;没读完则继续,读完后执行其他程序
```

4.3.2 光电编码盘及其输入接口

光电编码盘是编码式数字传感器，是目前应用较多的一种，它将被测转角直接转换成相应数字信号代码输出。

光电编码盘有两种基本形式：绝对式光电编码盘和增量式光电编码盘。

(1) 绝对式光电编码盘的结构与工作原理

绝对式光电编码盘由旋转的码盘、光源和光电敏感元件组成。4位二进制码盘结构如图4.11(a)所示。它是一块透明圆形光学玻璃，表面刻出了透光与不透光的编码，黑色代表不透光，白色代表透光，由此形成二进制编码。码盘分若干个扇区，每个扇区代表相应角位置，扇区越多，分辨率越高。在该图中，每个扇区分4条码道，代表4位二进制编码，其中最外码道为编码的低位，最内码道作为编码的高位。因为4位二进制数最多能表示16个不同二进制编码，所以图中的扇区数为16，其角度分辨率为 $\theta=360°/2^4$。若码道数目为 N，即二进制数位数，则角度分辨率为 $\theta=360°/2^N$。通常，绝对式光电编码盘的码道数 N 为19～21。

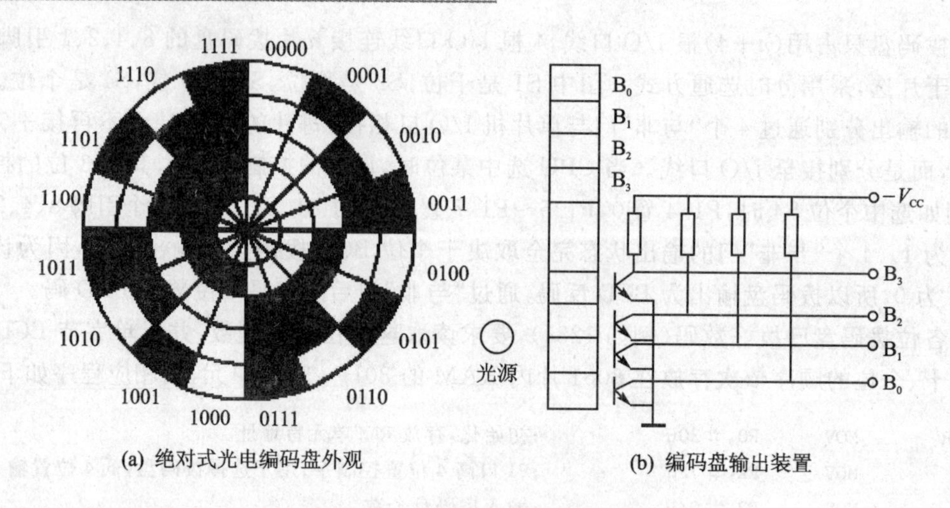

(a) 绝对式光电编码盘外观　　(b) 编码盘输出装置

图 4.11　4位绝对式光电编码盘

编码盘的输出原理如图 4.11 (b)所示。码盘的一侧放置光源,另一侧放置光电接收装置,每个码道都对应有一个光敏三极管及放大整形电路(此处放大整形电路没有画出)。码盘转到不同位置,光敏三极管元件接收光信号。当码道透光时,对应光敏三极管接收到光信号导通,其输出为低电平 0;当码道不透光时,光敏三极管接收不到光信号而截止,因而输出高电平 1。转换的电信号经放大整形后,成为相应 TTL 电平。例如,码盘转到图 4.11(a)中的第 6(0110B)扇区时,因为从内向外 4 条码道的透光状态依次为透光、不透光、不透光、透光,所以 4 个光敏三极管的输出从高位到低位为 0110,它代表此时的角位置在第 6 扇区。因此可见,转动机构转动时通过随转动机构转动的码盘就能获得转动机构所在的确切位置。这种获得角位置的方式叫绝对式光电编码盘。

上述二进制编码有一个严重缺点,即在两个相邻扇区的交换位置可能产生很大的误差;尤其是当机构转动转速较高时,这种误差将更加明显。例如,在图 4.11(a)中,当码盘顺时针方向旋转,由位置“0111”变为“1000”时,这 4 位数要同时发生变化,可能将数码误读成 16 种代码中的任意一种(因为光源进入各光敏三极管的时刻总有先后差别,光敏三极管的转换时间有差别),如读成 1111、1011、1101、…、0001 等,产生无法估计的数值误差。在其他位置也有类似现象。

为了克服这一缺点,常采用循环码编码盘。循环码编码盘的结构如图 4.12 所示。其最大特点是:相邻两个编码之间(无论是正转加 1 还是反转减 1)只有 1 位数发生变化,也就是说编码盘停在任何两个循环码之间的位置,所产生的误差不会大于最低位所代表的量。例

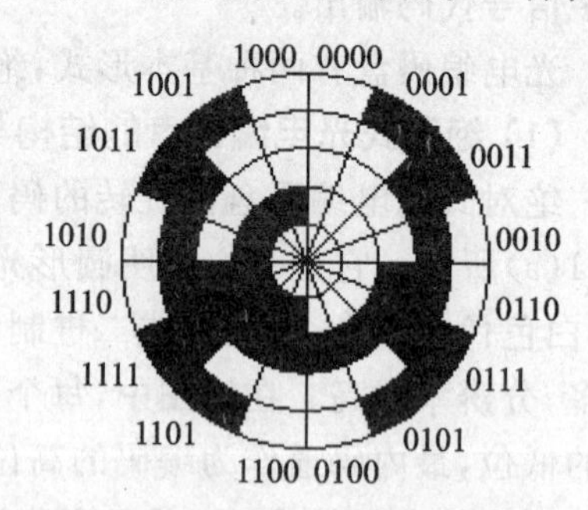

图 4.12　循环编码盘示意图

如，当编码盘停在1110和1010之间时，由于这两个循环码中有3位相同，只有1位不同，因此无论停的位置如何有偏差，产生的循环码只有1位可能不一样，即可能是循环码1110或者是1010，而它们分别对应十进制数的11和12。因此，即使有误差产生，也只可能是1。

(2) 绝对式光电循环码编码盘与单片机的接口

采用循环码盘需要将循环码转换成二进制码。4位循环码和二进制码的对应关系列于表4.2。由表可知，二进制数的最高位等于循环码的最高位；二进制数的其余任一位，是其高一位的二进制数与同位循环码"异或"运算的结果。若以B_N表示二进制数的第N位，R_N表示循环码的第N位，N取值范围为$0\sim N$，则表4.2中二进制码与循环码之间的关系如下：

$$B_N = R_N$$

$$B_{N-1} = R_N \oplus R_{N-1} = B_N \oplus R_{N-1}$$

$$B_{N-2} = R_N \oplus R_{N-1} \oplus R_{N-2} = \cdots = B_{N-1} \oplus R_{N-2}$$

$$\vdots$$

$$B_1 = R_N \oplus R_{N-1} \oplus R_{N-2} \oplus \cdots \oplus R_3 \oplus R2 \oplus R_1 = \cdots = B_2 \oplus R_1$$

$$B_0 = R_N \oplus R_{N-1} \oplus R_{N-2} \oplus \cdots \oplus R_2 \oplus R_1 \oplus R_0 = \cdots = B_1 \oplus R_0$$

递推形式（通式）为：

$$B_i = \begin{cases} R_i & (i = N) \\ B_{i+1} \oplus R_i & (0 \leqslant i < N) \end{cases} \tag{4-1}$$

式中N为循环码的最大角标。

表4.2 4位循环码与二进制码的对应关系

十进制数 D	二进制数 B	循环码 R	十进制数 D	二进制数 B	循环码 R
0	0000	0000	8	1000	1100
1	0001	0001	9	1001	1101
2	0010	0011	10	1010	1111
3	0011	0010	11	1011	1110
4	0100	0110	12	1100	1010
5	0101	0111	13	1101	1011
6	0110	0101	14	1110	1001
7	0111	0100	15	1111	1000

利用式(4-1)可采用硬件电路和软件方法实现，硬件电路如图4.13所示。该方法简单可靠，可直接与单片机I/O口连接。

下面介绍用软件方法实现循环码转换成二进制码。

设9位循环码$D_8 \sim D_0$在片内RAM的2BH、2AH中，最高位格式为(2BH)＝$R_8$000 0000，低8位格式为(2AH)＝$R_7 \sim R_0$，要求转换成二进制数后仍放在2BH、2AH中，数据格式不变，源程序如下。由于循环码最高位R_8与二进制编码最高位B_8相同，故2BH单元的内容不用改变(阅读程序时，注意“异或”指令有修改指令内寄存器内容的性质：控制修改数的1使被修改数的相应位取反；控制修改数的0使被修改数的相应位保持原值不变)。

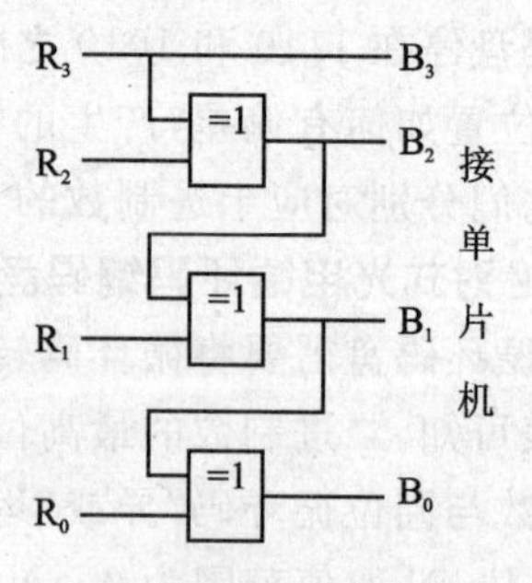

图4.13 进行码转换循环码硬件电路

```
CONVER: MOV    A,2BH        ;取循环码最高位R8，即二进制码最高位B8
        XRL    2AH,A        ;将二进制码最高位B8与循环码R7“异或”，求得二进制码
                            ;第7位B7并存入2AH单元中，即在位地址57H中
        CLR    A
        JNB    57H,LOOP1    ;B7位为0就转LOOP1
        SETB   ACC.6        ;B7位为1就将ACC.6设置为1，以便与循环码R6“异或”
LOOP1:  XRL    2AH,A        ;将二进制码B7与循环码R6“异或”，求得二进制码第6位B6
                            ;并存入2AH单元中，即在位地址56H中
        CLR    A
        JNB    56H, LOOP 2  ;B6位为0就转LOOP 2
        SETB   ACC.5        ;B6位为1就将ACC.5设置为1，以便与循环码R5“异或”
LOOP2:  XRL    2AH,A        ;将二进制码B6与循环码R5“异或”，求得二进制码第5位B5
                            ;并存入2AH单元中，即在位地址55H中
        CLR A
        JNB    55H,LOOP3    ;B5位为0就转LOOP 3
        SETB   ACC.4        ;B5位为1就将ACC.4设置为1，以便与循环码R4“异或”
LOOP3:  XRL    2AH,A        ;将二进制码B5与循环码R4“异或”，求得二进制码第4位
                            ;B4并存入2AH单元中，即在位地址54H中
        CLR    A
        JNB    54H,LOOP4    ; B4位为0就转LOOP4
        SETB   ACC.3        ;B4位为1就将ACC.3设置为1，以便与循环码R3“异或”
LOOP4:  XRL    2AH,A        ;将二进制码B4与循环码R3“异或”，求得二进制码第3位
                            ;B3并存入2AH单元中，即在位地址53H中
        CLR    A
        JNB    53H,LOOP5    ;B3位为0就转LOOP5
        SETB   ACC.2        ;B3位为1就将ACC.2设置为1，以便与循环码R2“异或”
LOOP5:  XRL    2AH,A        ;将二进制码B3与循环码R2“异或”，求得二进制码第2位
                            ;B2并存入2AH单元中，即在位地址52H中
```

```
        CLR     A
        JNB     52H,LOOP6           ;B2位为 0 就转 LOOP6
        SETB    ACC.1               ;B2位为 1 就将 ACC.1 设置为 1,以便与循环码 R1“异或”
LOOP6:  XRL     2AH,A               ;将二进制码 B2与循环码 R1“异或”,求得二进制码第 1 位
                                    ;B1并存入 2AH 单元中,即在位地址 51H 中
        CLR     A
        JNB     51H,LOOP7           ;B1位为 0 就转 LOOP7
        SETB    ACC.0               ;B1位为 1 就将 ACC.0 设置为 1,以便与循环码 R0“异或”
LOOP7:  XRL     2AH,A               ;将二进制码 B1与循环码 R0“异或”,求得二进制码第 0 位
                                    ;B0并存入 2AH 单元中,即在位地址 50H 中
        RET
```

说明：

① 循环码的最高位 R_8 存放在内部 RAM 2BH 单元的最高位中，其位地址为 5FH；循环码的其余位 $R_7 \sim R_0$ 存放在内部 RAM 2AH 单元中，而 2AH 单元的位地址为 57H～50H，如图 4.14 所示。

	5FH	5EH	5DH	5CH	5BH	5AH	59H	58H
2BH	R_8	0	0	0	0	0	0	0

	57H	56H	55H	54H	53H	52H	51H	50H
2AH	R_7	R_6	R_5	R_4	R_3	R_2	R_1	R_0

图 4.14　循环码存放示意图

② $0 \oplus 1 = 1$，$0 \oplus 0 = 0$。由这两个式子可以看出，0 与任何数“异或”都得该数本身，所以在程序中经常将 A 寄存器清 0，然后令 $B_{i+1} = ACC.i$。当执行“异或”操作时，即 $B_{i+1} \oplus R_i$ 仅改变 2AH 单元的第 i 位，而不改变 2AH 单元的其他位。图 4.15 以求 B_5 为例，说明该程序设计思路。

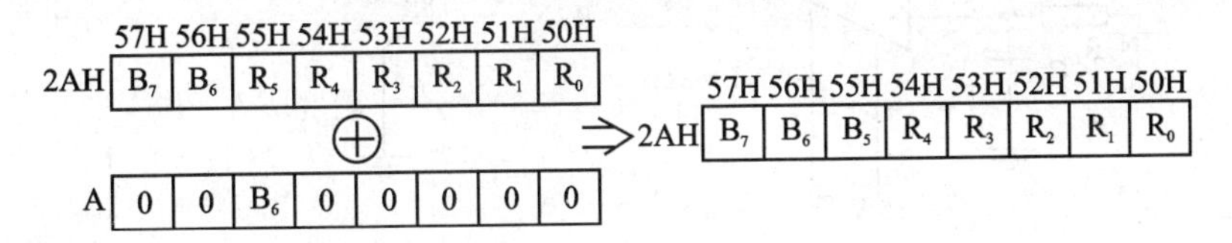

图 4.15　求 B5 过程

4.4　脉冲量输入信号与单片机的连接

脉冲信号是工业控制领域中较典型的一类信号，如工业电能表输出的电能脉冲信号，水泥、化肥等物品包装生产线上通过光电传感器发出的物品数量脉冲信号，以及档案库房、图书馆、公共场所人员进出统计数值均是通过光电传感器电路产生的脉冲信号计数的。脉冲信号由于具有抗干扰性能好、适于远距离传输、信号调理简单、与微机接口方便，其两个基本参数频率和周期易于精密测量，还能利用非电参数变化引起频率变化的原理做成很多调频传感器等特点而得到广泛应用。特别是大量性能价格比高的集成电压/频率变换芯片的不断涌现，使很

多模拟量输入的数据采集系统可借此组成 A/D 转换器,从而实现高精度模拟量测量。因此,频率和周期测量法的应用越来越多。

脉冲量输入接口由信号调理、功能转换和系统总线接口 3 部分组成,与开关量输入接口没有本质区别,只需一根并行 I/O 口线传输,或直接作为中断源或计数输入。脉冲信号的频率、周期的测量,需要占用单片机大量的时间,不再可能扩展更多的功能,所以通常不再需要系统总线接口来增加系统总线的负载、驱动能力,直接与系统总线相接就行了。

脉冲量输入接口很简单,对于周期性变化的脉冲量,只要像开关量那样进行检测、滤波、整形、隔离、保护等预处理,就能调理成相应的规范化矩形脉冲,然后直接经并行 I/O 口或中断口的任一位,送至单片机或系统总线接口,如图 4.16 所示。

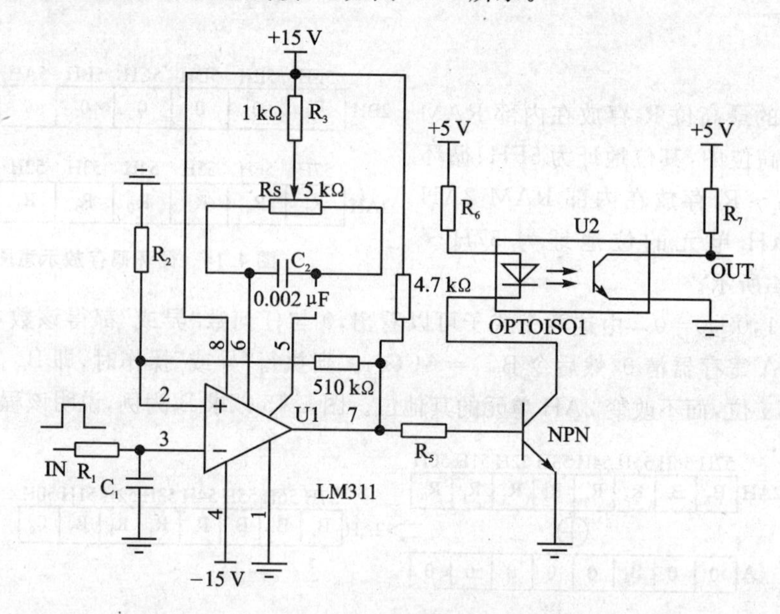

图 4.16 脉冲信号调理电路

下面结合频率、周期的测量来介绍脉冲量输入接口。

4.4.1 定时/计数器测量频率、周期的基本原理

在讨论脉冲量输入接口和微机测量频率、周期之前,先讨论利用定时/计数器测量频率和周期的基本原理。

利用定时/计数器测量被测脉冲信号的频率 f_X 的电路原理图如图 4.17 所示。它由放大整形电路、晶体振荡器、分频器、主闸门计数器和单片机 5 部分组成。晶振电路产生一个固定频率的脉冲信号,经整形变成标准时钟信号,再通过分频器生成标准时基脉冲信号(称为时标信号),构成时标发生器。

在图 4.17 中，闸门实际上是一个二输入“与”门电路：当控制信号为低电平时，“与”门被封锁，输出恒为低电平，被测信号不能通过；当控制信号为高电平时，“与”门打开放行被测信号。设作为闸门控制信号的时标信号的定时时间为 T_R，在 T_R 内对被测信号脉冲个数进行计数，计数数值为 M，则 $f_X = M/T_R$ 就是被测信号的频率。

在测量周期时，如图 4.18 所示，被测信号 T_X 经分频器分频后，作为时标信号控制闸门启闭，在闸门启闭期间对时标发生器产生的标准脉冲信号进行计数。若标准脉冲信号的频率为 f_R（对应周期为 $1/f_R$），在被测信号的一个周期内所计得的标准脉冲数为 M，则 $T_X = M/f_R$（$= MT_R$）就是被测信号的周期。

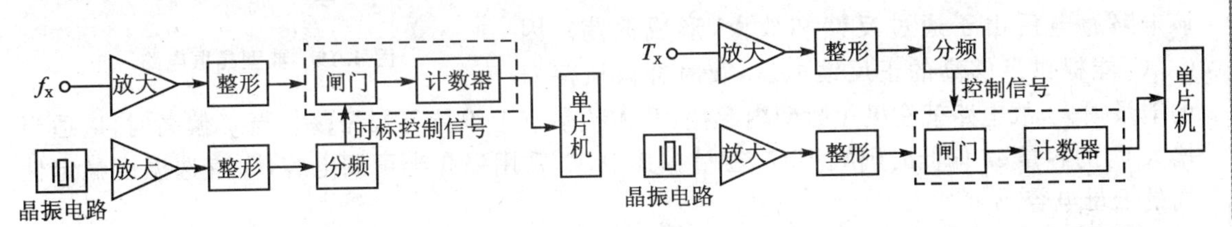

图 4.17　定时/计数器测量频率 f_X 的电路原理图

图 4.18　定时/计数器测量周期 T_X 的电路原理图

由于开启闸门开始计数的时刻与第 1 个被测脉冲信号出现的时刻之间，以及关闭闸门停止计数的时刻与最后一个被测脉冲信号消失的时刻之间，没有同步关系，所以计数器会产生 1 Hz的计数截断误差，这种原理性绝对误差通常称为量化误差。在闸门启闭的定时时间一定的条件下，测量被测信号的频率时，被测信号的频率越大，由量化引起的可能最大相对误差就越小，反之则越大；测量被测信号的周期时，被测信号的频率越大（或周期减小），由量化引起的可能最大相对误差就越大，反之则越小。

综上所述，可归纳出如下结论：

- 测量频率是在某单位时间内对被测信号的脉冲进行计数，而测量周期是在被测信号周期内对某一标准脉冲信号进行计数，两者都要解决闸门启闭的定时控制和对脉冲的计数两个问题。
- 在闸门启闭的定时时间一定的条件下，为了减小相对量化误差，当被测信号频率较高时，宜测其频率；当被测信号频率较低时，宜测其周期。

利用 8051 测量频率和周期，原理性量化误差同样是无法改变的。对于闸门启闭的定时控制和脉冲计数，则既可以用硬件方法，也可以用软件方法或两者兼用来解决。下面介绍一种产生标准时基脉冲信号的电路。

将石英晶体配以 CMOS 门电路或专用集成电路，即可构成石英晶体振荡电路（简称晶振电路），产生高准确度的晶振频率，由此获得基准信号。该方法广泛用于数字仪器仪表、测试系统、石英钟表等领域。典型的晶振电路如图 4.19 所示，包括石英晶体 JT，反相器 F_1 和 F_2（合用一片 CD4069，现仅用其中两个反相器）、偏置电阻 R_f 以及振荡电容 C_1 和 C_2。其中 C_2 为频率微调电容。F_1与R_f组成反相放大器，利用R_f可将F_1偏置在线性放大区，R_f的阻值一般取5.1～30 MΩ，典型值为10 MΩ，调整C_2可使振荡频率达到标称值。

为便于分析电路的起振过程，现假定在某一瞬间反相器F_1的输入电压为负极性，反相后的输出电压为正极性。因此，C_2上的电压（即输出电压V_O）极性为上正下负，而C_1上的电压是上负下正，恰好与V_I同相。V_O经C_2、C_1分压后向F_1的输入端提供正反馈电压。该电路通电后由于通过反馈和放大，形成振荡。因C_1、C_2能提供足够高的正反馈电压，及时补偿振荡器的能量损失，故电路就在极短时间内起振，并在频率f上维持等幅振荡。当f偏高时，应适当增大C_2的容量；f偏低时则减小C_2容量。其中，C_2采用瓷介半可调电容，C_1宜选温度稳定性高的云母电容。

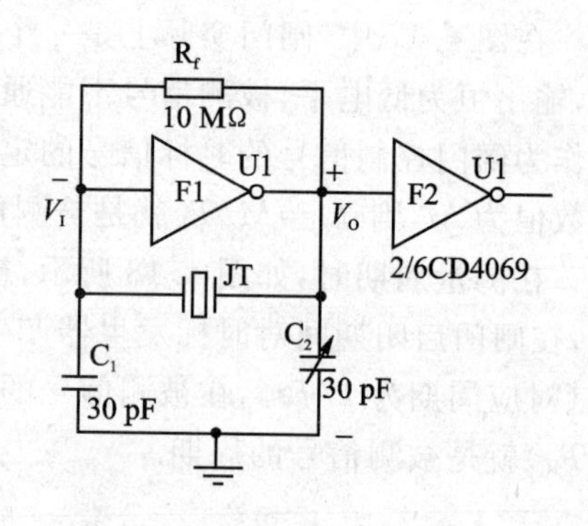

图4.19 典型晶振电路

反相器F_2的作用有两个：第一，起放大整形作用，把晶振电路输出的近似正弦波信号变成沿口陡峭的矩形波，满足数字电路的需要；第二，起隔离作用，提高晶振电路带负载的能力。校准晶振频率时，应把标准数字频率计接到F_2的输出端，一边微调C_2，一边监视晶振频率，直到调成标称值f，亦可接示波器观察晶振输出波形。倘若把仪器接于F_1输出端，就可能改变晶振频率及波形，甚至造成停振。

晶振电路加上CD4060可构成秒基准信号发生器。CD4060是14位二进制串行计数/分频器，采用DIP－16封装，引脚排列如图4.20(a)所示。尽管它内部有14级二分频器，但输出端只有10个：Q_4～Q_{10}和Q_{12}～Q_{14}。Q_1～Q_3以及Q_{11}并未引出。CP_I、CP_O分别为时钟输入、输出端。$\overline{CP_O}$为时钟反相输出端。石英晶体接在CP_I与$\overline{CP_O}$之间。CP_O端可接标准频率计或示波器，校准晶振频率或观察波形。C_r为复位端，$C_T=1$时停振。从输出功能来看，CD4060只能得到10种分频系数，最小为16分频，最大为16 384分频。因此，CD4060适配16 384 Hz的石英晶体，从Q_{14}端输出周期为1 s的基准信号。

鉴于国内常见的石英晶体为32 768 Hz（即2^{15} Hz），欲获得秒信号还必须外接一级二分频器，把CD4060输出的2 Hz信号变成秒信号。外接的二分频器可选D触发器CD4013或JK触发器CD4027（现仅用其中一半）。由CD4060构成的秒基准信号发生器如图4.20(b)所示。

需要说明几点：① 复位端C_r应固定接低电平VSS，否则输出呈全零状态；② CD4060是用脉冲下降沿来计数的；③ 利用片内反相器F_1、F_2，亦可接成两级反相式阻容振荡器，还可由CP_I端输入外时钟信号，此时CP_O端悬空；④ 欲获得脉宽为1 s的频率计采样信号，需再加一级二分频器。

4.4.2 测量脉冲信号周期的输入接口

单片机测量脉冲信号周期的原理是：在被测信号周期T内，对某一基准时间进行计数，基

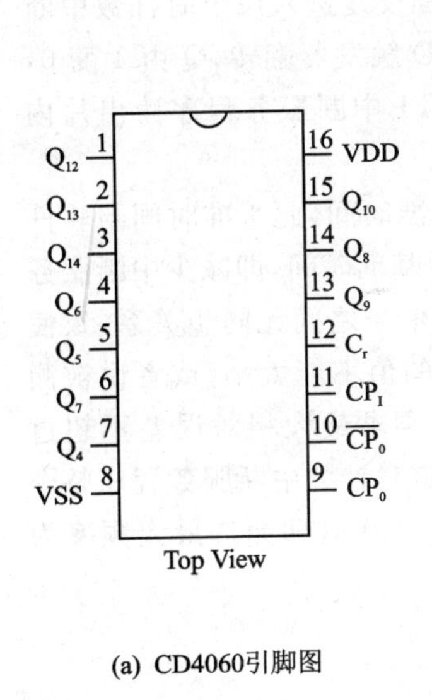

(a) CD4060引脚图

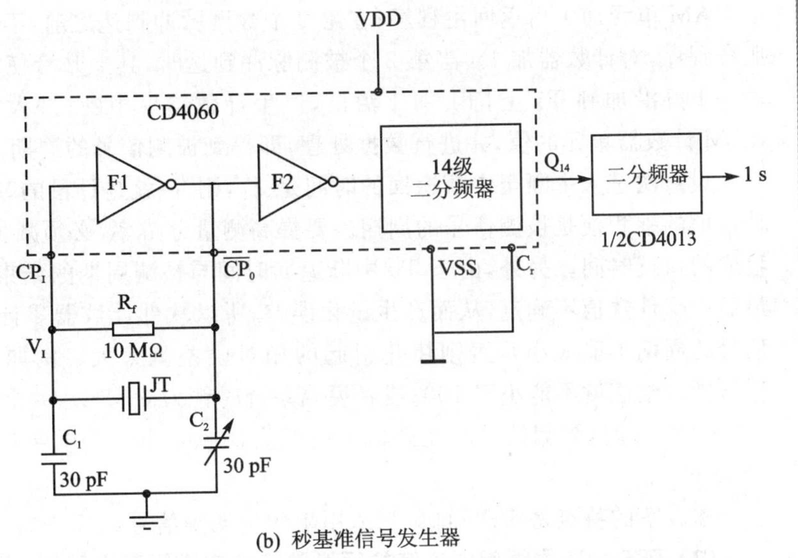

(b) 秒基准信号发生器

图 4.20　由 CD4060 构成的秒基准信号发生器

准时间与计数值的乘积便是周期。在此,基准时间可以是硬件标准脉冲信号,也可以是反复不断的软件延时时间,而且不必要求每次的延时时间间隔都相同。延时时间间隔不同,可以用软件方法加以修正。

脉冲信号周期的测量精度主要取决于基准时间和被测信号周期的长短,在被测信号周期不变的情况下,基准时间越短,测量精度越高。下面讨论在保证测量精度条件下,根据被测信号周期的大小,基准时间的实现方法和途径,以及被测信号周期的测量。

(1) 由中断和中断服务程序产生基准时间,由软件计数器对基准时间计数

测量电路如图 4.21 所示。图中 T0 用作定时器,T1 用作“结束计数触发器”(通过程序设置定时器方式控制寄存器 TMOD 实现);T0 设置成定时中断、由外输入 $\overline{\text{INT0}}$ 高电平触发 T0 定时的工作方式(通过程序设置定时器控制寄存器 TCON 和中断允许寄存器 IE 实现);T1 设置成负跳变计数中断工作方式,初值为 FFFFH(通过程序设置定时器控制寄存器 TCON 和中断允许寄存器 IE 实现);P1.0 用于控制 D 触发器复位。

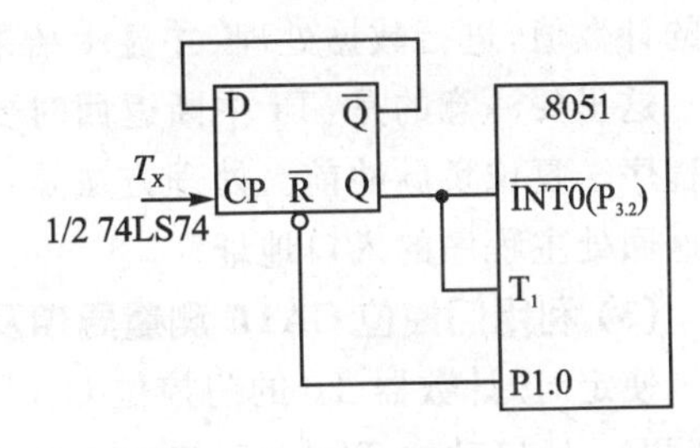

图 4.21　周期测量电路 1

工作过程如下:从 P1.0 输出一个负脉冲,清零 D 触发器(构成 T 触发器),使其输出 Q=0,$\overline{Q}$=1;当第一个被测脉冲到达时,其上升沿使 D 触发器翻转,Q=1,由 $\overline{\text{INT0}}$ 启动 T0 定时;定时时间到,进入 T0 定时计数中断服务程序,对用作计数器的片内某个 RAM 单元加 1 后返回主程序；在第 2 个被测脉冲到达之前，不断反复进入该定时计数中断服务程序，对计数器加 1。当第 2 个被测脉冲到达时，其上升沿使 D 触发器翻转，Q 由 1 变 0，这一下降沿加到 T1 上，T1 加 1 溢出，产生计数结束中断；进入 T1 中断服务程序读出片内 RAM 计数器单元的值，并进行数据处理，即得到被测信号的周期。

设每次进入中断至中断返回的时间是 T_S，则 T_S就是计量的基准时间，此基准时间与软件计数值的乘积便是被测信号的周期。要提高测量分辨率，必须减少基准时间，即减少中断服务程序的执行时间。另外，由于 T0 中断返回时间与被测周期的结束信号之间无同步关系，致使最后一个计数值不确定，从而产生量化误差，所以软件计数器累计的值不能太小(或者说被测信号的周期不能太小)，否则量化引起的相对误差就太大。例如，要求最大相对误差不超过 1%，则计数值就不能小于 100；或者说当系统时钟为 6 MHz、一个定时计数中断服务程序整个时间为 8 μs 时，被测信号的允许最小周期为 $(8\ \mu s\times 100)/10^6=1/1\,250$ s(即允许最大频率为 1250 Hz)。

本方案的特点是实现简单，只适用于测量低频信号。

(2) 在被测信号周期内连续执行增量指令来缩短基准时间

由上述可知，缩短基准时间是提高测量最大允许频率的关键，而在中断服务程序中，响应中断和中断返回都是需要时间的。若不采用中断计数，而是采用直接执行增量指令的方法，则可使基准时间缩短。

在被测信号周期内，通过连续执行增量指令测量周期的接口电路如图 4.22 所示。图中 T0、T1 都设置成负跳变触发计数中断方式，T1 的中断优先级高于 T0，T0 和 T1 均采用计数工作方式 1，它们的计数初值均为 FFFFH。

工作过程如下：从 P1.0 输出一个复位负脉冲，使 D 触发器 Q=0；被测脉冲信号经 D 触发器二分频后形成一个周期是原周期 2 倍的脉冲，该脉冲的上升沿经反相器可触发 T0，下降沿可触发 T1，时间正好是被测脉冲的一个周期。当上升沿加在 T0 上时开始计数，加 1 后溢出导致 T0 计数中断；在 T0 计数中断服务程序中，对软件计数器连续增量，直至矩形脉冲的下降沿加到 T1 上，使 T1 增 1 溢出，引起中断；在 T1(计数结束)中断服务程序中，读入软件计数器的计数值，进行数据处理，并显示结果后再返回主程序。其程序框图如图 4.23 所示。

这里要注意的是：T1 中断返回时要求不返回到 T0 中断程序的原断点处，而直接返回到主程序送复位负脉冲前。处理方法是：在返回前把堆栈中 T1 和 T0 的两个地址弹出，再压入需返回处主程序的入口地址。

(3) 利用门控位 GATE 测量周期及占空比

使定时/计数器 T0 的门控位 GATE=1、启动位 TR0=1 以及定时/计数器 T1 的门控位 GATE=1、启动位 TR1=1，启动工作受 P3.2(或 P3.3)引脚上外部输入的电平控制：当 P3.2(或 P3.3)=1 时，启动 T0(或 T1)开始定时计数，基准时间是内部时钟。利用这一特性，可以测量信号的脉冲宽度、周期及占空比。测量电路如图 4.24(a)所示。

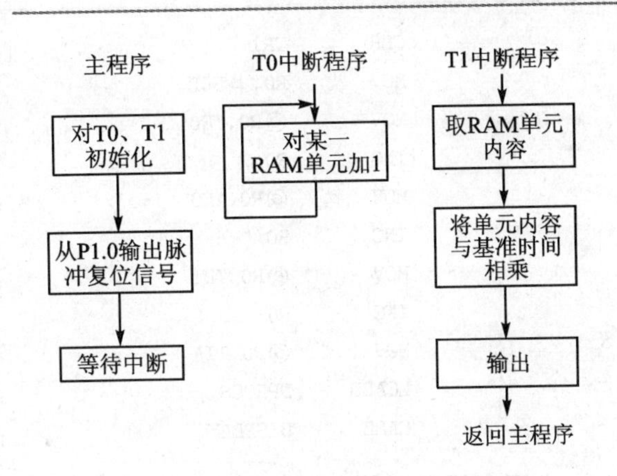

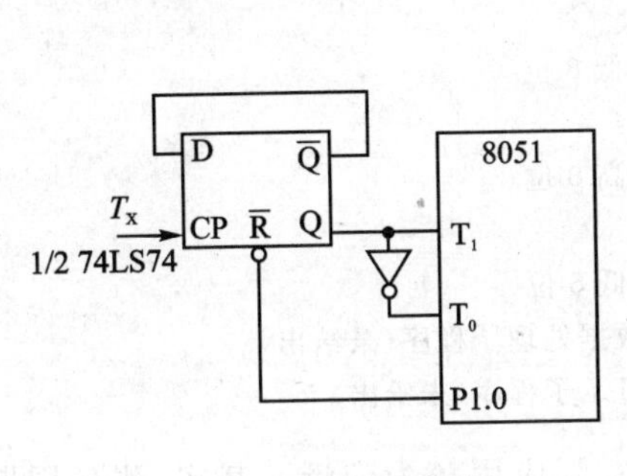

图 4.22 周期测量电路 2

图 4.23 周期测量程序框图

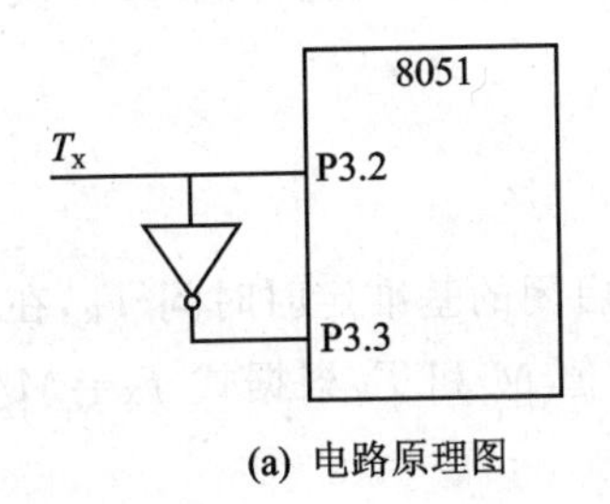

(a) 电路原理图

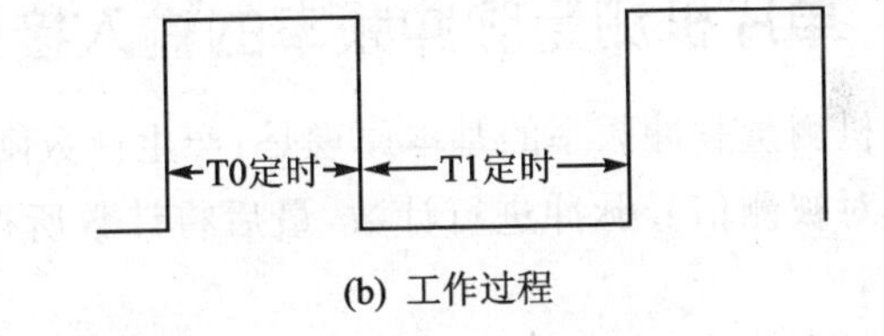

(b) 工作过程

图 4.24 周期测量电路 3

工作过程如下：设置 T0、T1 都为定时工作方式 1，利用查询方法确定用 T0 还是 T1 计数，T0 用于对脉冲高电平计数，T1 对低电平计数，两者的时间之和即为周期，两者的时间之比即为占空比，其工作过程如图 4.24(b)所示。下面的测量控制程序是在系统时钟频率为 12 MHz，即信号计时宽度小于 65 536 μs 的条件下设计的。

```
START:   MOV    TMOD,#99H     ;设 T0、T1 都为定时工作方式 1 和 GATE = 1
         MOV    TL0,#00H      ;T0、T1 初值为零
         MOV    TH0,#00H
         MOV    TL1,#00H
         MOV    TH1,#00H
WAIT0:   JB     P3.2,WAIT0    ;等待 P3.2 上信号变低
WAIT1:   JNB    P3.2,WAIT1    ;等待 P3.2 上信号变高
         SETB   TR0           ;启动 T0
WAIT2:   JB     P3.2,WAIT2    ;等待 P3.2 上信号变低
         CLR    TR0           ;关 T0
         SETB   TR1           ;启动 T1 定时计数
WAIT3:   JB     P3.3,WAIT3    ;等待 P3.3 上信号变低(已反相)
```

```
        CLR     TR1             ;关 T1
        MOV     R0,#30H         ;计数值存人数据区首址
        MOV     @R0,TH0         ;存 T0 高 8 位
        INC     R0
        MOV     @R0,TL0         ;存 T0 低 8 位
        INC     R0
        MOV     @R0,TH1         ;存 T1 高 8 位
        INC     R0
        MOV     @R0,TIA         ;存 T1 低 8 位
        LCALL   DPROCS          ;调用数据处理子程序(未给出)
        CALL    DISPLAY         ;调用显示子程序(未给出)
```


上面介绍的三种方法的硬件、软件结构都不复杂,实际应用较为广泛。其实,测量周期的方法还有很多,尤其是各种专用芯片与单片机接口简单,方便易行,且占用 CPU 资源较少,在此不再赘述。

4.4.3 单片机测量脉冲频率的输入接口

单片机测量脉冲频率的基本原理是:产生计数闸门启闭的基准定时时间 T_R,在 T_R时间内用计数器对被测信号脉冲进行计数,最后将计数所得的值 M 和 T_R根据式 $f_X=M/T_R$转换成频率量。

测量频率要解决以下 3 个基本问题:

① 控制计数闸门启闭的定时时间;

② 对被测信号脉冲计数;

③ 定时器与计数器的工作同步。

对于控制计数闸门启闭的定时时间,从原理上讲,控制计数闸门启闭的定时时间越长,所测信号频率因量化而引起的相对误差就越小,但同时要求计数器的容量随之增大,否则会出现计数溢出。因此,选择启闭闸门定时时间的原则是:既不会使计数器产生溢出,又能使计数器接近其最大量程。

对被测信号脉冲计数,可通过查询或外部中断方式实现软件计数,也可利用片内定时/计数器进行计数,还可外加集成计数器完成计数。软件计数的频率受到程序执行时间的限制,不可能太高,但能节省硬件开销,所以常用在测量低频信号的场合。8051 片内定时/计数器的计数频率也受到自身的速度限制:当系统时钟频率为 12 MHz 时,最高计数频率为 500 kHz(即系统时钟的 1/24);当系统时钟频率为 6 MHz 时,最高计数频率为 250 kHz;当计数脉冲频率高于此参数时,则要加接集成计数器做前端计数器。

定时器与计数器的工作要同步,因为它关系到测量分辨率的问题,故必须给予充分重视。若能利用被测信号脉冲来实现同步就比较理想,若不能实现同步,就要考虑用软件进行修正。

同时适当加大系统时钟的频率,也可提高测量分辨率。

下面首先讨论启闭闸门定时时间的产生方法,然后再介绍测量频率的接口技术。

1. 启闭闸门定时时间的产生

8051 产生启闭闸门定时时间的方法通常有两种。

第1种方法:将定时/计数器 T0、T1 串联使用。T0 设置成定时器,T1 设置成计数器,用 T1 对 T0 的"定时时间到"信号进行定时计数。例如,T0 定时 100 ms(用方式 1),T1 计数 10 次便完成 1 s 的定时。T0 与 T1 的串联可采用如下方法实现:当 T0 的 100 ms 定时时间到后产生定时中断,在定时中断服务程序中用位操作指令对 P3.5(T0)脚产生一个脉冲,加到 T1 进行计数;也可以将某并行输出口的任一根口线(例如 P1.0)与 T1 脚相连,在 T0 定时中断服务程序中用位操作指令从这根口线(P1.0)输出一个脉冲,加到 T1 进行计数。

第2种方法:用 T0 作定时器,用软件对"定时时间到"进行计数。这种方法只占用一个定时/计数器。

[**例 4.1**]　设系统时钟频率为 6 MHz,要求用 T0 定时 100 ms(用方式 1),用软件对"T0 定时时间到"计数 10 次来完成 1 s 的定时时间;在 1 s 定时时间到时,立即从 P1.1 脚输出一个正脉冲,试编程。

解　置 T0 为定时状态,工作方式 1,初值 3CB0H(对应定时时间 100 ms);使用片内 RAM 的 7FH 单元作为 T0 溢出次数的计数器,置初值为 10;使用片内 RAM 的 00H 位作为 T0"定时时间到"标志,置初值为 0;在编程时,使 T0 每溢出中断一次,7FH 单元内容减 1,减至 0 时置位标志位,表示定时时间到,同时改变 P1.1 脚的正负电平,使其输出一个正脉冲。

相应程序如下:

(1) 主程序

```
START:  CLR     00H         ;清0"定时时间到"标志
        MOV     TMOD,#01H   ;置T0定时状态、工作方式1
        MOV     TH0,#3CH    ;T0赋初值
        MOV     TL0,#0B0H
        MOV     R7,#0AH     ;软件计数器赋初值
        SETB    TR0         ;启动TC0
        SETB    ET0         ;T0开中断
        SETB    EA          ;开中断
HERE:   JNB     00H,HERE    ;等待1s定时时间到
        CLR     ET0         ;T0关中断
        CLR     EA          ;关中断
        SETB    P1.1        ;从P1.1输出一个正脉冲
        NOP
        CLR     P1.1
```

```
        SJMP    START               ;重新开始
```

(2) T0 中断服务程序

```
T0INT:  MOV     TH,#3CH             ;T0 重新赋初值
        MOV     TL0,#0B0H
        DJNZ    R7,QUID             ;软件计数器计数到否
        MOV     R7,#0AH             ;定时时间到,软件计数器重新赋初值
        SETB    00H                 ;"定时时间到"标志位置 1
QUID:   RETI
```

若要改变本程序的定时时间,只需改变第 5 条指令的计数次数 M,即可得到 $M\times100$ ms 的定时时间。

2. 采用片内定时/计数器定时、查询方式软件计数的频率测量

测量电路如图 4.25 所示。图中:T0 用作定时器,结合软件计数器计数实现定时 1 s;P1.1 作为启动 T0 定时的外触发信号源;被测信号接 P1.0,用查询 P1.0 脚的方法进行软件计数。

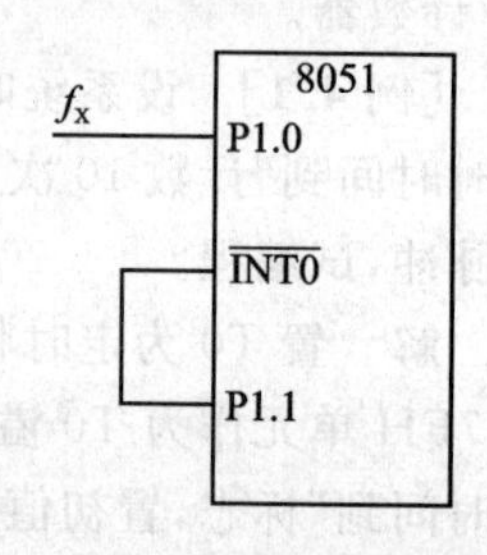

图 4.25 频率测量电路

工作过程如下:当检测到 P1.0 脚上被测信号从低到高变化时,从 P1.1 脚输出一个正脉冲,启动 T0 定时工作;在定时时间内,通过不断查询 P1.0 脚上被测信号电平的变化,进行软件计数,直至定时时间到,关断 T0,读入软件计数器的值,即得到被测信号的频率值。

为减小量化误差的影响,最方便可行的方法是延长定时时间。还可进一步通过对测试结果的判断,动态地确定定时时间,根据被测频率的高低,调整定时器定时初值或扩展计数器初值。为保证测量的准确度,定时时间要精确计算,要考虑程序执行等其他时间开销。

以上介绍的两种测量频率的方法均是针对被测频率不高的脉冲信号。若要测量频率较高的脉冲,方法也是比较多的,如可在前端增加计数器或分频器以降低被测信号的频率,也可选用频率较高的单片机。方法多种多样,在此不再赘述。

习题 4

1. 画出常用开关量输入的转换电路、滤波和整形电路、保护电路,并简述其工作原理。

2. 利用 8051 的 P1 口外扩 4 片 BCD 拨码盘接口电路;依次读入 4 片拨码盘的信号,并存入片内 RAM 以 40H 为首址的连续单元内,请编写程序。

3. 简述图 4.21 所示周期测量电路的工作原理,并编程进行频率测量。

4. 简述图 4.25 所示频率测量电路的工作原理,并编程进行频率测量。

第5章 离散量输出通道

离散量可以是并行数字信号、开关电平信号或脉冲编码信号，其控制功能设计随控制对象的不同而有很大差异，但它们有如下共同要求：

① 必须使输出的控制信号满足生产现场或实验室设备的要求。例如对伺服机构有足够大的驱动功率；有与控制对象的动作速度时间相适应的时序。

② 输出电平一般不应出现第三态（高阻状态），为使电路能稳定工作，一般都加有上拉或下拉电阻，以保证信号的正确性和稳定性。

③ 为了抑制从电源、其他设备以及设备地对系统的干扰，往往用光电耦合器将系统与外部隔离开。

生产实际中最常用的是开关电平信号输出和脉冲编码信号输出。

5.1 开关电平信号输出控制

在工业生产现场，有不少控制对象是电磁继电器、电磁开关或可控硅、固态继电器和功率电子开关，其控制信号都是开关电平量。能不能用89C51片内的I/O口直接驱动它们呢？这就要首先了解89C51片内的I/O口的驱动能力。

5.1.1 单片机片内I/O口的驱动能力

89C51单片机有4个并行双向口，每个口由一个锁存器、一个输出驱动器和一个输入缓冲器组成。若不用外部存储器，则P0、P1、P2、P3这4个口都可作输出口，但其驱动能力不同。P0口的驱动能力较大，每位可驱动8个LSTTL输入，即当其输出高电平时，可提供400 μA的电流；当其输出低电平(0.45 V)时，则可提供3.2 mA的灌电流，如低电平允许提高，灌电流可相应加大。P1、P2、P3口的每一位只能驱动4个LSTTL，即可提供的电流只有P0口的一半。所以任何一个口要想获得较大的驱动能力，只能用低电平输出。

当89C51扩展存储器用P0、P2口作访问外部存储器用时，就只能用P1、P3口作输出口，可见其驱动能力是极其有限的。在低电平输出时，一般也只能提供不到2 mA的灌电流。所以通常要加总线驱动器或其他驱动电路。根据现场负荷功率的大小，可选用不同的功率放大器件构成不同的开关电平驱动输出电路。

5.1.2　门电路输出端加上拉电阻

在三态门缓冲器 74LS245/244/240 等或集电极开路(OC)门的输出端经上拉电阻接至 +5 V,能提高输出驱动能力,如图 5.1 所示。这种电路要求输出负载为电压型,通常用来驱动功率开关管或类似负载。

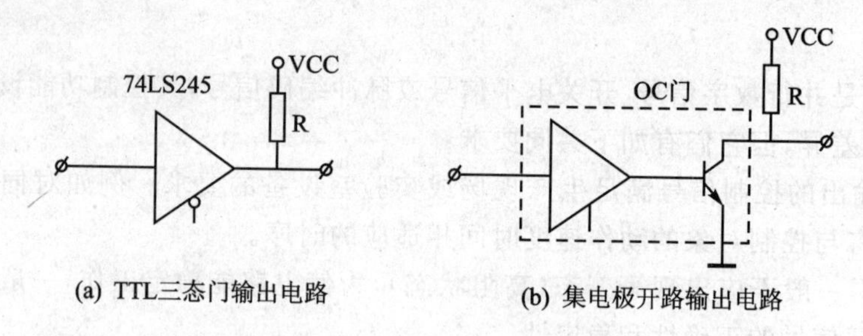

(a) TTL三态门输出电路　　(b) 集电极开路输出电路

图 5.1　输出端加上拉电阻驱动

5.1.3　晶体管驱动电路

对于低压情况下的小电流开关量,可用功率晶体管作开关驱动元件。

(1) 功率三极管驱动

图 5.2 所示为一种最简单的三极管驱动电路。一般在只需要几十毫安(mA)电流时用到它。该电路为驱动发光二极管,当单片机 P1.0 脚输出数字信号"0"时,经 74LS06 反相器反相后变高电平,使 NPN 型三极管导通,使发光二极管得电发光。

三极管可选用 JE9013,基极限流电阻可取几千欧(kΩ)。因 LED 电阻可忽略不计,此时将 LED 串以合适的限流电阻 R 来代替晶体管负载。当 74LS06 输出"1"时导通,LED 发光;当 74LS06 输出"0"时,LED 熄灭。R 的阻值由下式确定:

$$R=\frac{E-V_{F}-V_{CES}}{I_{F}}$$

式中,E 代表电源电压,V_F 代表 LED 的正向压降(约 1.5～2.0 V,视 LED 管而定),I_F 是 LED 的正向工作电流(通常取 5 mA 或 10 mA),V_{CES} 为晶体管饱和压降(0.1～0.2 V)。现取 $E=5$ V,$V_F=1.6$ V,$V_{CES}=0.1$ V,$I_F=10$ mA,代入式中得 $R=330$ Ω。额定功率 $P=I_F^2R_2=(10\times10^{-3})^2\times330=0.033$ W。可选标称阻值为 300～400 Ω 的 1/8 W 电阻。

(2) 达林顿管驱动电路

图 5.3 中,当单片机 P1.0 输出数字信号"0"时,经 74LS06 反相器反相变高电平,使达林顿复合管导通,产生的几百毫安(mA)集电极电流足以驱动中小功率线圈。

达林顿驱动器是利用多级放大提高晶体管的增益,来达到增大驱动电流的器件。它具有高输入阻抗和高增益，同时它的多对复合管也非常适用于单片机控制系统中的多路负荷。图5.3所示为达林顿阵列驱动中的一路驱动电路。下面介绍一种常用的达林顿管。

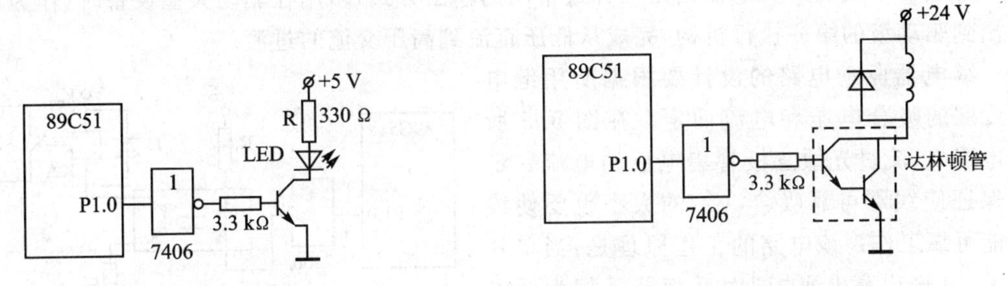

图 5.2　三极管驱动电路

图 5.3　达林顿驱动电路

MC1416芯片驱动器由7个达林顿复合管组成；输入与TTL电平兼容；输出反相，电流达500 mA以上，耐压达100 V以上。为驱动更大的负载，每块芯片中可将各自独立的达林顿复合管并联使用，使输出电流的能力增加。7个独立的复合管在工作时可以只有1个导通工作，也可以同时几个导通工作，但每块芯片的总输出电流不能超过规定值：扁平封装时不得超过500 mA，双列直插封装时不得超过2.5 A。

用MC1416驱动7个继电器的电路如图5.4(a)所示，为加大驱动电流，每个复合管输出端还可加接大功率开关管，如图5.4(b)所示。为实现单片机与外围设备的电隔离，在单片机输出端口与复合管输入端之间可接入光电耦合器。

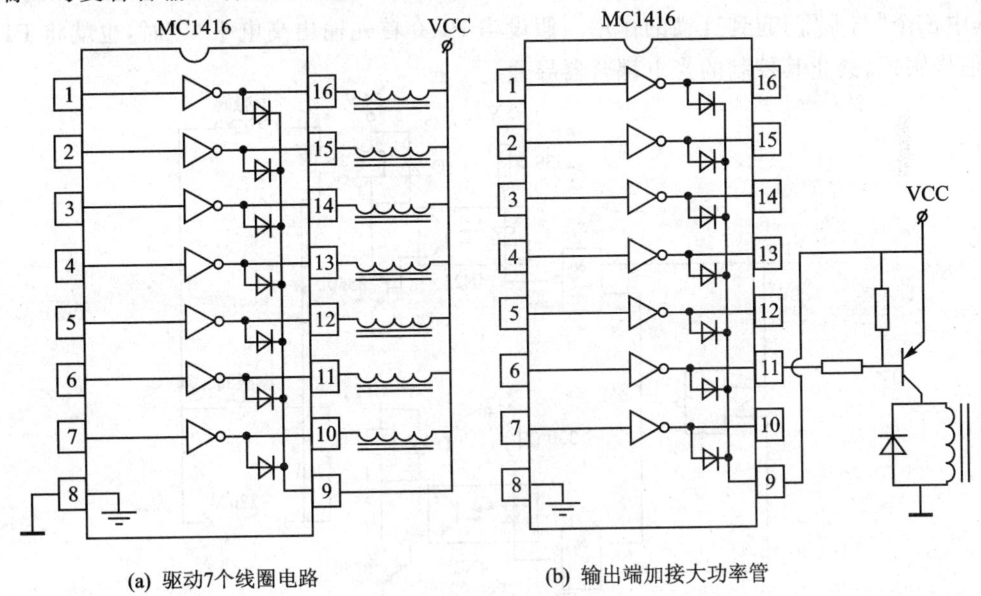

(a) 驱动7个线圈电路　　(b) 输出端加接大功率管

图 5.4　达林顿复合管应用电路

5.1.4 继电器驱动电路

继电器方式的开关量输出是一种最常用的输出方式，多用在驱动大型设备时，作为单片机输出到驱动级的第一执行机构，完成从低压直流到高压交流的过渡。

继电器驱动电路的设计要根据所用继电器线圈的吸合电压和电流而定。在图5.5所示电路中，流过光敏三极管集电极的电流一定要保证使线圈可靠吸合，V_{DD}的大小也要使线圈能可靠工作。该电路的工作原理是：当单片机P1.0输出高电平“1”而反相器反相为低电平“0”时，发光二极管导通发光，使光敏三极管导通，电流经线圈KA、光电耦合器的光敏三极管、电阻R_2流向地。线圈得电后产生磁力，吸合相应机构使常开触点闭合，常闭触点断开。其中一个常开触点串接在交流电路中，该触点闭合后，使大、中型执行机构得电工作。当单片机P1.0输出高电平“0”而反相器反相为低电平“1”时，发光二极管截止，光敏三极管截止，线圈失电，常开触点断开，执行机构失电不工作。

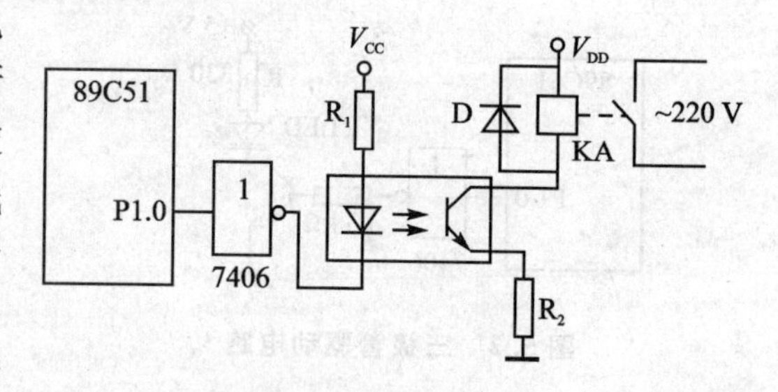

图5.5 继电器驱动电路

由于继电器线圈是电感性负载，当电流突然切断时，会出现较高的电感性浪涌电压，若没有泄放回路，势必使元器件受损。二极管D在线圈断电时用以构成放电回路，称为反电势抑制管。

图5.6所示电路是用单片机控制中间继电器再驱动液压电磁阀螺丝管的液压控制驱动电路，其中三个“与非”门起到互锁的作用。假设当P1.0首先输出高电平“1”时，也就将P1.1的有效信号锁死，禁止其控制的光电耦合器导通。

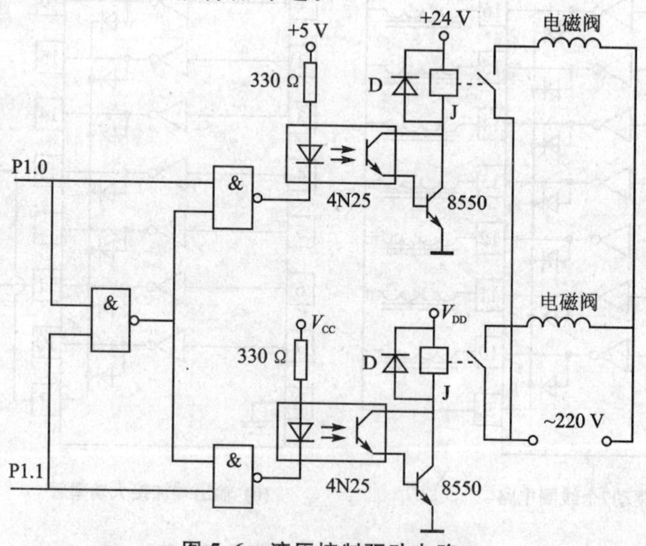

图5.6 液压控制驱动电路

5.1.5 晶闸管驱动电路

1. 晶闸管的结构原理

在晶闸管的阳极和阴极之间加正向电压而控制极不加电压(如图5.7所示)时,由于PN结J2为反向偏置,所以晶闸管不导通,即处于阻断状态;而当外加电压极性相反时,由于PN结J1和J3反向偏置,晶闸管仍然阻断。这两种情况均相当于开关处于断开状态。如果在阳极和阴极之间加正向电压的同时,在控制极与阴极之间也加上一个正向电压,则晶闸管就由阻断变为导通,而且管压降很小,约1 V左右,相当于开关处于闭合状态。可见,晶闸管相当于一个可以控制的单方向导电开关。

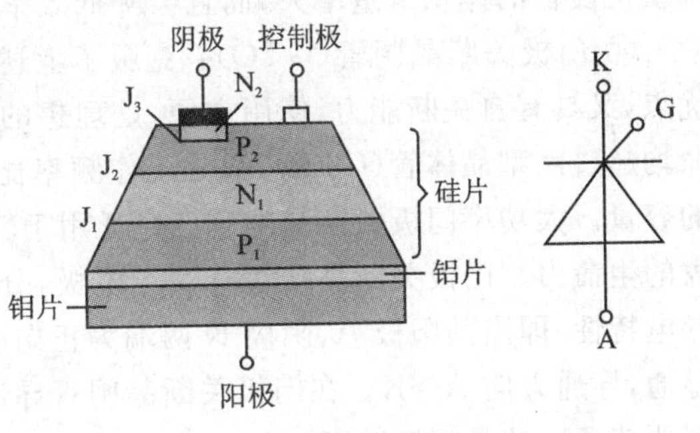

图5.7 晶闸管的内部结构示意图及电路符号

与二极管相比,晶闸管具有可控性;与三极管相比,它不具有阳极电流随控制极电流按比例增大的特性,只有当控制极电流达到某一数值(一般为几十毫安(mA))时,阳极与阴极之间由阻断突然变为导通。晶闸管导通后,可以通过几十至上千安培(A)的电流),并且一旦导通后,控制极一般就不再起控制作用,从而保持其导通状态。如欲使其关断,可将阳极电流减小到某一数值或加上反向电压来实现。关断后可重新恢复其控制能力。

2. 晶闸管的分类

晶闸管按其关断、导通及控制方式可分为普通晶闸管、双向晶闸管、逆导晶闸管、门极关断晶闸管(GTO)、BTG晶闸管、温控晶闸管和光控晶闸管等多种。

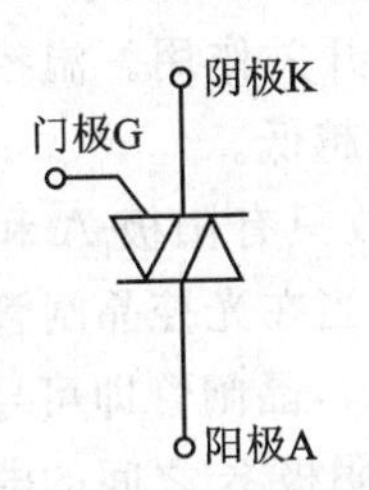

图5.8 双向晶闸管电路符号

① 双向晶闸管:在工业生产中应用很广泛,它相当于两只普通晶闸管反相并联,结构上有3个电极,分别是阳极A、阴极K、门极G。它的符号如图5.8所示。双向晶闸管可以双向导通,即门极加上正或负的触发电压,均能触发双向晶闸管正、反两个方向导通。双向晶闸管一旦导通,即使失去触发电压,也能继续维持导通状态。当电流阳极A、阴极K之间的电流减小至维持电流以下或阳极A、阴极K间电压改变极性,且无触发电压时,双向晶闸管阻断,只有重新施加触发电压,才能再次导通。双向晶闸管是为了实现交流功率控制而开发的。它的发展方向是高压、大电流。大功率双向晶闸管主要用于功率调节、电压调节、调光、焊接、温度控制、交流电机调速等方面。

② 逆导晶闸管(RCT):俗称逆导可控硅,它在普通晶闸管的阳极A与阴极K间反向并

联了一只二极管(制作于同一管芯中)。逆导晶闸管比普通晶闸管的工作频率高,关断时间短、误动作小,可广泛应用于超声波电路、电磁灶、开关电源、电子镇流器、超导磁能储存系统等领域。

③ 普通晶闸管(SCR):靠门极正信号触发之后,撤掉信号亦能维持通态。欲使之关断,必须切断电源,使正向电流低于维持电流,或施以反向电压强行关断。这就需要增加换向电路,不仅使设备的体积重量增大,而且会降低效率,产生波形失真和噪声。

④ 门极关断晶闸管(GTO):克服了上述缺陷,它既保留了普通晶闸管耐压高、电流大等优点,又具有自关断能力,使用方便,是理想的高压、大电流开关器件。GTO 的容量及使用寿命均超过巨型晶体管(GTR),只是工作频率比 GTR 低。目前,GTO 已达到 3 000 A、4 500 V 的容量。大功率门极关断晶闸管已广泛用于斩波调速、变频调速、逆变电源等领域,显示出强大的生命力。门极关断晶闸管有 3 个电极,分别为阳极 A、阴极 K 和门极 G。它也具有单向导电特性,即当其阳极 A、阴极 K 两端为正向电压,在门极 G 上加正的触发电压时,晶闸管将导通,导通方向 A→K。在门极关断晶闸管导通状态,若在其门极 G 上加一个适当的负电压,则能使导通的晶闸管关断。

⑤ BTG 晶闸管:也称程控单结晶体管 PUT,其参数可调,改变其外部偏置电阻的阻值即可改变 BTG 晶闸管门极电压和工作电流。它还具有触发灵敏度高、脉冲上升时间短、漏电流小、输出功率大等优点,被广泛应用于可编程脉冲电路、锯齿波发生器、过电压保护器、延时器及大功率晶体管的触发电路中,既可作为小功率晶闸管使用,也可作为单结晶体管(双基极二极管 UJT)使用。

⑥ 温控晶闸管:是一种新型温度敏感开关器件,它将温度传感器与控制电路结合为一体,输出驱动电流大,可直接驱动继电器等执行部件或直接带动小功率负荷。温控晶闸管的结构与普通晶闸管的结构相似(电路图形符号也与普通晶闸管相同)。但在制作时,温控晶闸管中间的 PN 结中注入了对温度极为敏感的成分(如氩离子),因此改变环境温度,即可改变其特性曲线。在温控晶闸管的阳极 A 接正电压,在阴极 K 接负电压,在门极 G 和阳极 A 之间接入分流电阻,就可以使它在一定温度范围内(通常为－40～＋130 ℃)起开关作用。温控晶闸管由断态到通态的转折电压随温度变化而改变,温度越高,转折电压值就越低。

⑦ 光控晶闸管(LAT):俗称光控硅,其控制信号来自光的照射,故只有阳极 A 和阴极 K 两个引出电级,门极为受光窗口(小功率晶闸管)或光导纤维、光缆等。当在光控晶闸管的阳极 A 加正电压、在阴极 K 加负电压时,再用足够强的光照射一下其受光窗口,晶闸管即可导通。晶闸管受光触发导通后,即使光源消失也能维持导通,除非加在阳极 A 和阴极 K 之间的电压消失或极性改变,晶闸管才能关断。光控晶闸管的触发光源有激光器、激光二极管和发光二极管等。

光耦合双向可控硅驱动器是一种单片机输出与双向可控硅之间较理想的接口器件。它由输入和输出两部分组成。输入部分是二极管,该二极管在 5～15 mA 正向电流作用下发出强度足够的红外光,触发输出部分。输出部分是光敏双向可控硅,在红外线的作用下可双向导通。该器件为 6 引脚双列直插式封装,如 MOC3020/21/22/23,其内部结构如图 5.9(a)所示。

有些型号的光耦合双向可控硅驱动器还带有过零检测器，以保证在电压为0(接近于0)时才触发可控硅导通。如MOC3030/31/32(用于115 V交流)、MOC3040/41(用于220 V交流)，其引脚配置和内部结构如图5.9(b)所示。

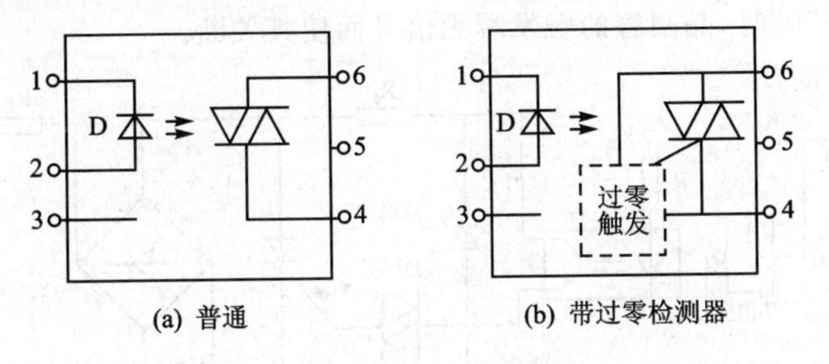

图 5.9 光耦合双向可控硅驱动器结构

图5.10所示为各种晶闸管的外观。

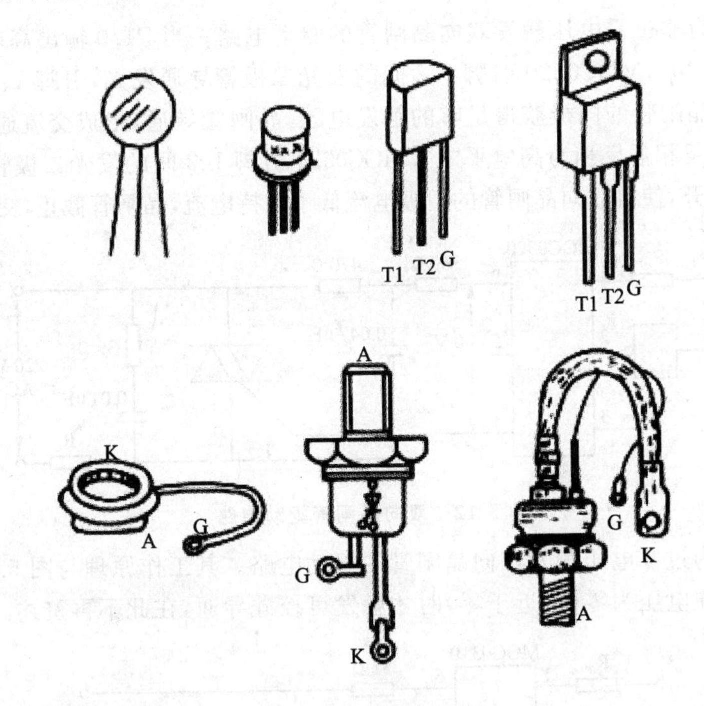

图 5.10 晶闸管外观

3. 晶闸管驱动电路

图5.11所示为用单片机对单向晶闸管进行控制作220 V交流开关的例子。当单片机P1.0输出为低电平"0"时，反相器反相为高电平，光电耦合器受控端开路，使晶闸管的门极得

不到触发信号而断开。当单片机 P1.0 输出为高电平“1”时，反相器反相为低电平，光电耦合器受控端导通，使晶闸管的门极获得有效信号并导通，交流电的正、负半周均以直流方式加在晶闸管的门极上，使晶闸管导通，这时整流桥路直流输出端被短路，负载被接通。当单片机 P1.0 输出为低电平“0”时，晶闸管的触发端无信号而使其关断。

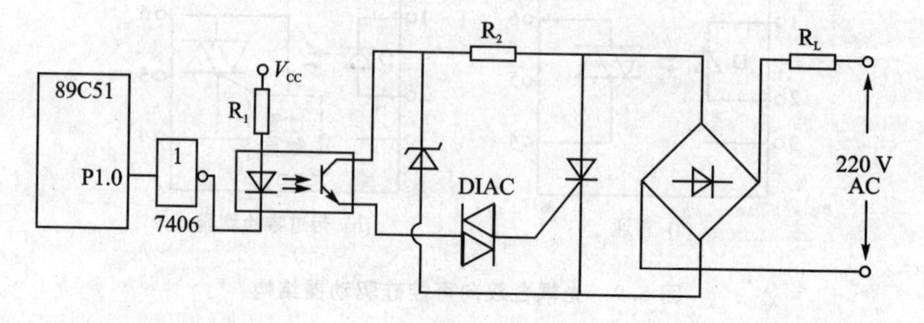

图 5.11

图 5.12 所示为非过零电压触发双向晶闸管的驱动电路。当 P1.0 输出高电平“1”时，经反相器反相为低电平“0”，MOC0320 引脚 1、2 间的发光二极管导通发光，引脚 4、6 间的光敏三极管导通，使得双向晶闸管的门极获得足够的触发电压，晶闸管导通，形成交流通路。当 P1.0 输出低电平“0”时，经反相器反相为高电平“1”，MOC0320 引脚 1、2 间的发光二极管截止，引脚 4、6 间的光敏三极管断开，使得双向晶闸管的门极电流低于维持电流，晶闸管截止，交流回路断开。

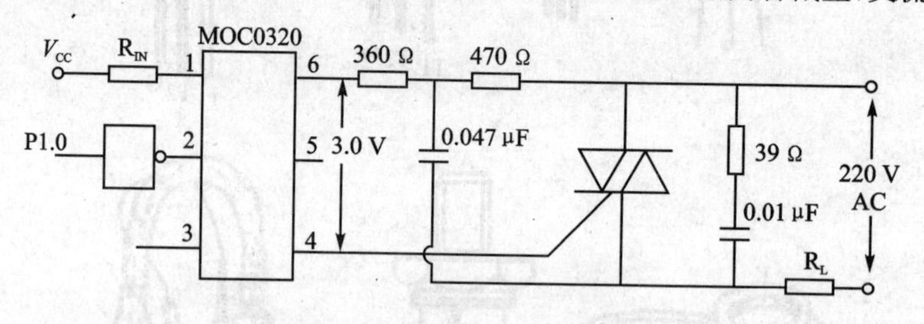

图 5.12 双向晶闸管驱动电路

图 5.13 所示为过零电压触发双向晶闸管的驱动电路。其工作原理与图 5.12 所示驱动电路基本相似，只是在电压为零(接近于零)时才触发可控硅导通，在此不再赘述。

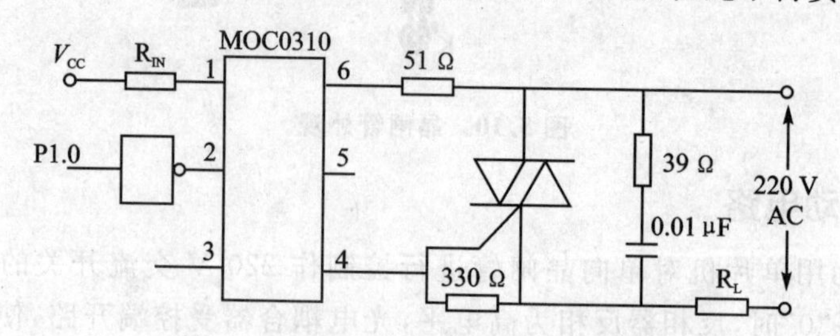

图 5.13 过零触发双向晶闸管驱动电路

5.1.6　固态继电器

固态继电器(Solid State Relay)简称 SSR。这是一种新型的无触点电子继电器。其输入端仅要求输入很小的控制电流,能与 TTL、HTL、CMOS 等集成电路具有较好的兼容性,而其输出则用双向晶闸管来接通和断开负载电源。与普通电磁式继电器和磁力开关相比,具有开关速度快、工作频率高、体积小、质量轻、寿命长、无机械噪声、工作可靠、耐冲击等一系列特点。由于无机械触点,当其用在需抗腐蚀、抗潮湿、抗振动和防爆的场合时,更能体现出有机械触点继电器无法比拟的优点。

1. 固态继电器的结构原理

固态继电器是一种四端器件,两端输入 A 和 B,两端输出 C 和 D,如图 5.14 所示。它们之间用光电耦合器隔离,所需控制驱动电压低,电流小,非常容易与单片机控制输出接口,所以在单片机控制应用系统中,已越来越多地用固态继电器取代传统的电磁式继电器和磁力开关作开关量输出控制。内部的控制触发电路为后级电路提供一个触发信号,使电子开关(晶体管或晶闸管)能可靠导通;电子开关电路用来接通或断开直流或交流负载电源;吸收保护电路的功能是为了防止由于电源的尖峰和浪涌对开关电路产生干扰而造成误动作或损害,一般由 RC 串联网络和压敏电阻组成;零压检测电路是为交流型 SSR 过零触发而设置的,可使射频干扰降到最低。

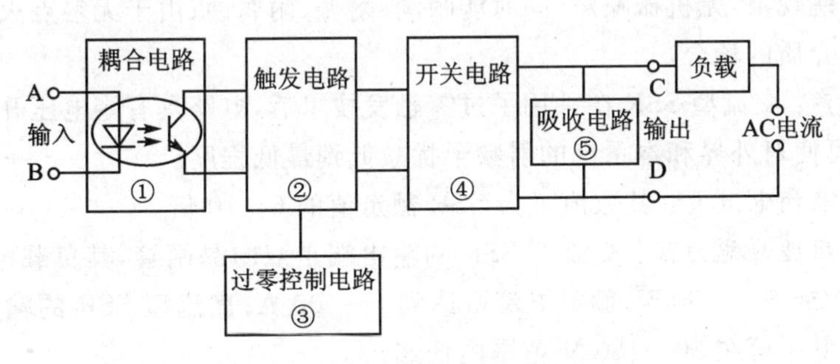

图 5.14　固态继电器结构原理

图 5.15 所示为几种国内外常见 SSR 的外形。

2. 固态继电器的分类

按负载电源类型分类,可分为直流型(DC-SSR)和交流型(AC-SSR)两种。直流型是用功率晶体管作开关器件;交流型则用双向晶闸管作开关器件,分别用来接通和断开直流或交流负载电源。

按开关触点形式分类,可分为常开式和常闭式。目前市场上以常开式居多。

按控制触发信号的形式分类,可分为过零型和非过零型。它们的区别在于负载交流电流

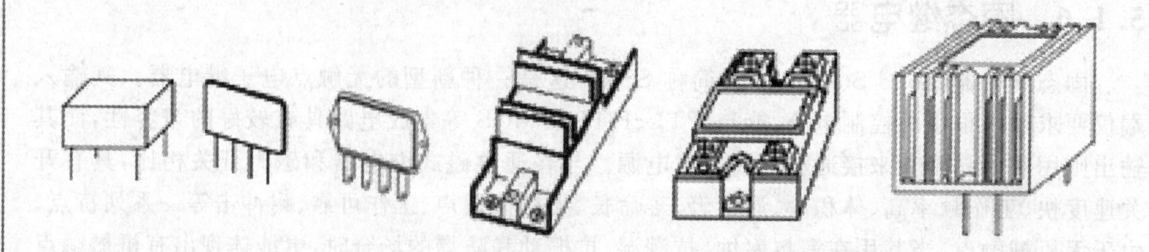

图 5.15 SSR 外形

导通的条件。非过零型在输入信号时，不管负载电源电压相位如何，负载端立即导通。而过零型必须在负载电源电压接近零且输入控制信号有效时，输出端负载电源才导通，其关断条件是在输入端的控制电压撤消后，流过双向晶闸管的负载电流为零时，SSR 关断。

3. 固态继电器的主要特点

- 输入功率小：由于其输入端采用的是光电耦合器，输入驱动电流仅需几毫安(mA)，输入电压为 4～32 V 便能可靠地控制输出，因此可以直接用 TTL、HTL、CMOS 等集成驱动电路控制。
- 高可靠性：由于其结构上无可动接触部件，且采用全塑密闭式封装，所以 SSR 开关时无抖动和回跳现象，无机械噪声，同时能耐潮、耐振、耐腐蚀；由于无触点火花，故可用在有易燃易爆介质的场合。
- 低电磁噪声：交流型 SSR 在采用了过零触发技术后，电路具有零电压开启、零电流关断的特性，可使对外界和本系统的射频干扰减低到最低程度。
- 能承受的浪涌电流大：其数值可为 SSR 额定值的 6～10 倍。
- 对电源电压适应能力强：交流型 SSR 的输出端是双向晶闸管，其负载电源电压可以是 30～220 V或 30～380 V，额定电流可达到 1～500 A；直流型 SSR 的输出端是晶体管，负载电源电压可在 30～180 V 范围内任选。
- 抗干扰能力强：由于输入与输出之间采用了光电隔离，割断了两者的电气联系，避免了输出功率负载电路对输入电路的影响。另外，又在输出端附加了干扰抑制网络，有效地抑制了线路中 dV/di 和 di/dt 的影响。

4. 固态继电器使用注意事项

电子开关器件的通病是存在通态床降和断态漏电流。SSR 的通态压降一般小于 2 V，断态漏电流通常为 5～10 mA。因此使用中要考虑这两项参数，否则在控制小功率执行器时容易产生误动作。

固态继电器的电流容量负载能力随温度升高而下降，其使用的温度范围不太宽(－40～

+80 ℃)，所以当使用温度较高时，选用的 SSR 必须留有一定的余量。

固态继电器电压过载能力差，当负载为感性时，在 SSR 的输出端必须加接 R_M 压敏电阻，其电压的选择可以取电源电压有效值的 1.6～1.9 倍。

输出端负载短路会造成 SSR 损坏，应特别注意避免。对白炽灯、电炉等电阻类负载，要考虑其“冷阻”特性会造成接通瞬间的浪涌电流，有可能超过额定工作值，所以要对电流容量的选择留有余地。为防止故障引起过流，最简单的方法是采用快速熔断器，要求熔断器的电压不低于线路工作电压，其标称电流值(有效值)与固态继电器的额定电流值一致。

5. 固态继电器的典型应用

(1) 输入端的驱动

见图 5.16。R_M为压敏电阻，起保护作用，当电压正常时，其阻值很大，相当于断路；当 AC 电压过大时，其阻值突然变小，将 SSR 的输出端短路，从而保护 SSR 的电路；当然，该负载回路还应有其他保护措施，将过大的电流或电压及时断路或采取其他措施。

① TTL 驱动 SSR：见图 5.17，反相器属于 CMOS 型。与图 5.16 基本相同，只是开关控制由单片机的 P1.0 引脚实现。

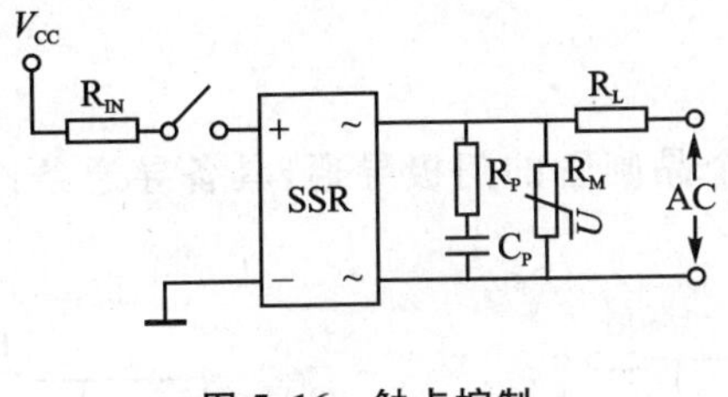

图 5.16 触点控制

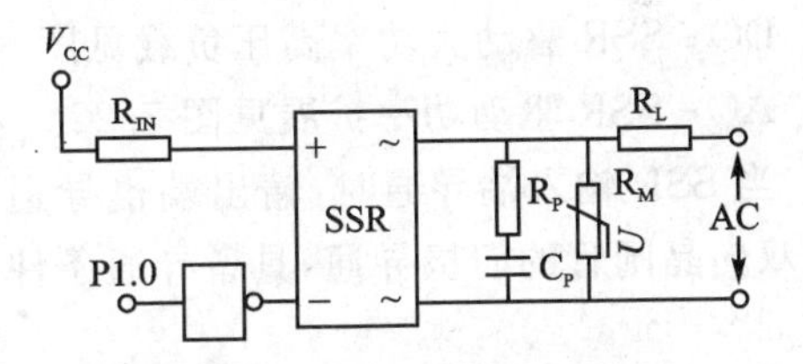

图 5.17 TTL 驱动 SSR

② CMOS 驱动 SSR：见图 5.18。由于 CMOS 管输入/输出电流比 TTL 要小，所以有时要加三极管来放大电流。

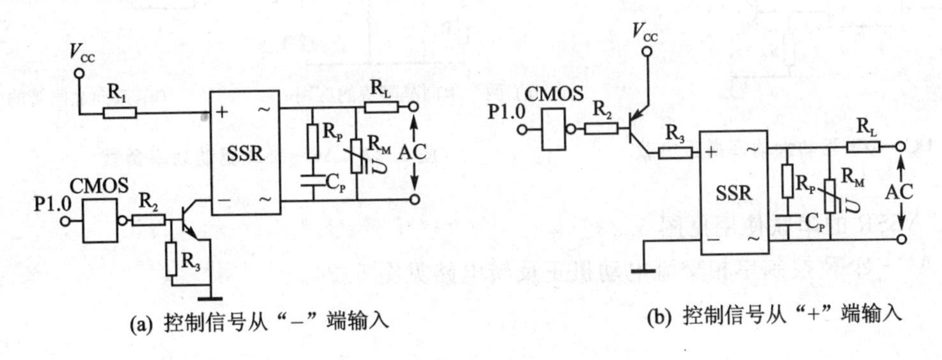

(a) 控制信号从“−”端输入

(b) 控制信号从“+”端输入

图 5.18 CMOS 驱动 SSR

③ 并联驱动 SSR：见图 5.19，同时驱动 3 个负载，此时一定要用三极管加以放大。

(2) 输出端驱动负载

DC－SSR 驱动大功率负载见图 5.20。

负载 R_L 可位于不同的位置。

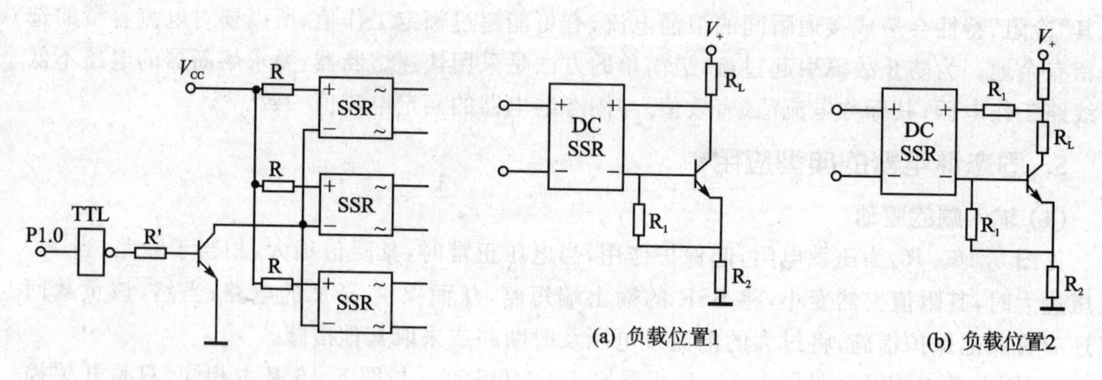

图 5.19　并联驱动 SSR

图 5.20　DC－SSR 驱动大功率负载

DC－SSR 驱动大功率高压负载见图 5.21。

AC－SSR 驱动功率扩展见图 5.22。

当 SSR 输入端导通时，输出端也导通，图(a)两个晶闸管的门极导通，具备导通条件；图(b)双向晶闸管的门极导通，具备导通条件。

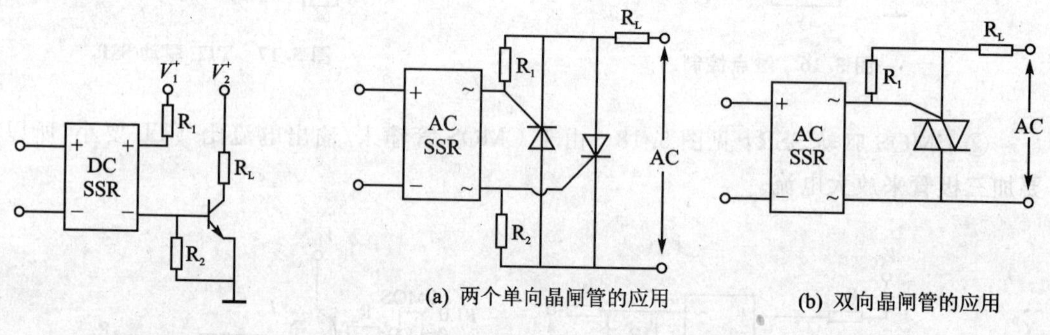

图 5.21　DC－SSR 驱动大功率高压负载

图 5.22　AC－SSR 驱动功率负载

AC－SSR 的串联使用见图 5.23。

用 AC－SSR 控制单相交流电动机正反转电路见图 5.24。

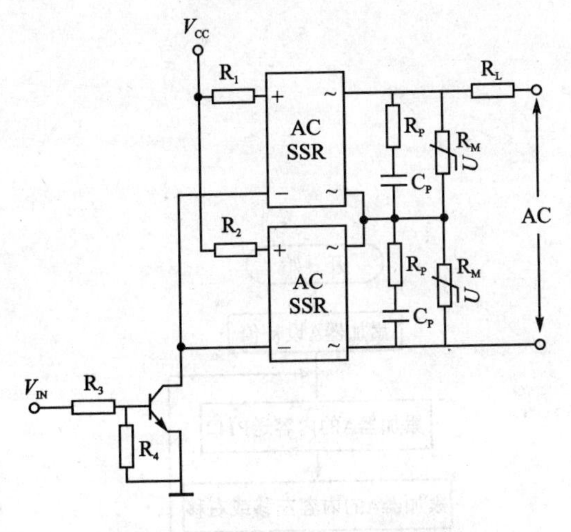

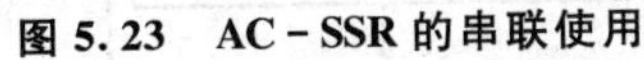
图 5.23　AC－SSR 的串联使用

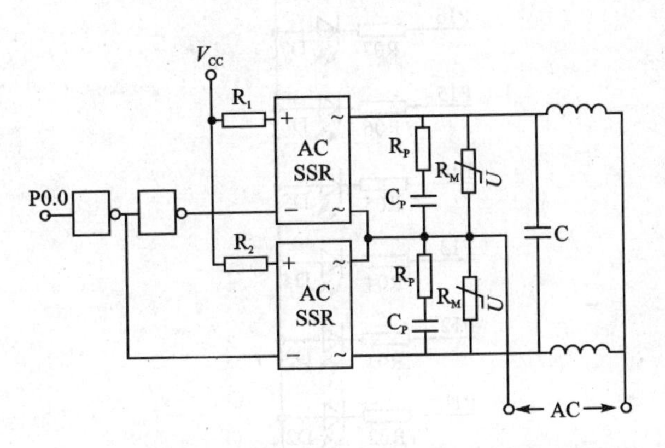

图 5.24　用 AC－SSR 控制单相交流电动机正反转电路

5.2　离散量输出信号应用实例

实例一：简单流水灯

要　求

按顺序逐个点亮 LED。

目　的

(1) 掌握 P1 口的输出方法；

(2) 掌握软件延时的计算。

说　明

本实验是将接在 P1 口上的 8 个 LED 逐个点亮(只有 1 个 LED 亮)，行如流水，故称流水灯，广泛地用于装饰霓虹灯。主要掌握 P1 口的操作方法和软件延时计算，其电路原理图见图 5.25。

程序框图

程序流程框图见图 5.26。

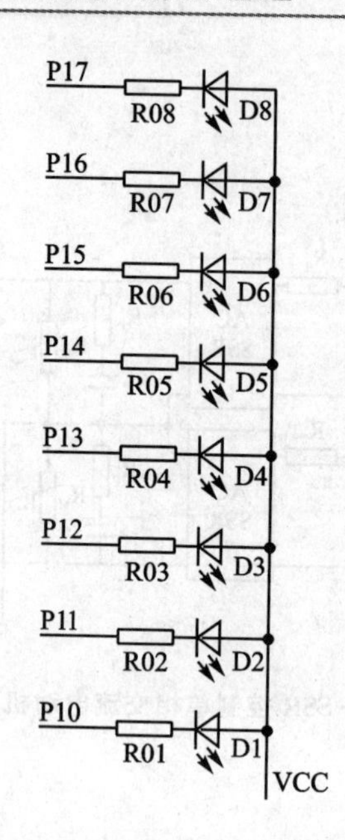

图 5.25　简单流水灯电路原理图

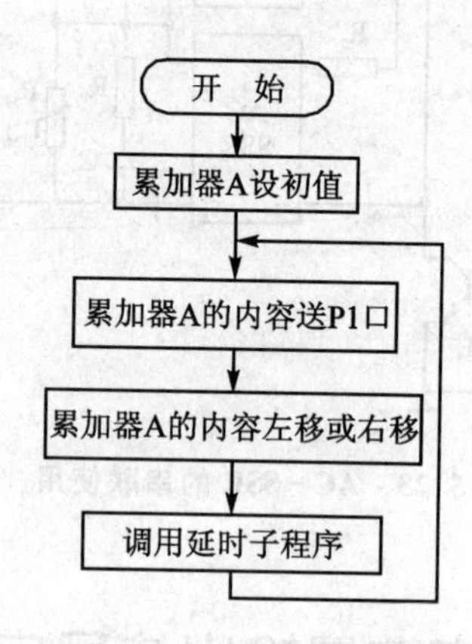

图 5.26　程序流程框图

参考程序

参考程序如下：

```
        MOV     A,＃0FEH        ;11111110 B
LOOP:   MOV     P1,A            ;A 的内容送 P1 口
        RL      A               ;左移 A 中的内容
        ACALL   DELAY           ;调用延时程序
        SJMP    LOOP            ;循环

DELAY:  MOV     R0,＃0AH
DELAY1: MOV     R1,＃64H
DELAY2: MOV     R2,＃0FAH
        DJNZ    R2,$
        DJNZ    R1,DELAY2
        DJNZ    R0,DELAY1
        RET
        END
```

计算："DJNZ　Rn,rel"指令为 2 周期指令，当晶振频率为 6 MHz 时，1 机器周期＝2 μs，执行 1 次"DJNZ　Rn,rel"指令耗时 4 μs，最内层的 R2＝0FA 减至 0 时共耗时 250×4 μs＝

1000 μs。本延时程序为 1 s，请自行计算。

实例二：流水灯综合实验

要　求

按照规定的规则点亮 LED。

目　的

(1) 掌握端口控制方法；

(2) 掌握数据的逻辑组合。

说　明

第 1 组：在图 5.25 中，D1、D8 点亮，D1 向左移动，D8 向右移动，循环进行。

第 2 组：在图 5.25 中，流水左移 40 步—右移 40 步—左移 40 步—右移 40 步……不断循环进行。

程序框图

第 1 组的程序框图见图 5.27。

第 2 组的程序框图见图 5.28。

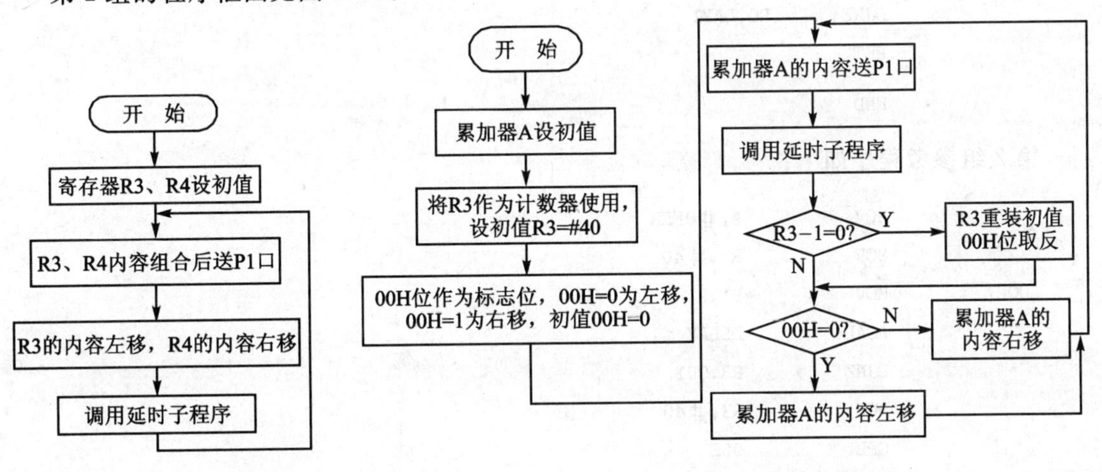

图 5.27　第 1 组程序框图　　图 5.28　第 2 组程序框图

参考程序

第 1 组参考程序如下：

```
        MOV     R3,#0FEH
        MOV     R4,#7FH
LOOP:   MOV     A,R3
        ORL     A,R4
        MOV     P1,A
        MOV     A,R3
        RL      A
        MOV     R3,A
        MOV     A,R4
        RR      A
        MOV     R4,A
        ACALL   DELAY
        SJMP    LOOP
DELAY:  MOV     R0,#0AH
DELAY1: MOV     R1,#64H
DELAY2: MOV     R2,#0FAH
        DJNZ    R2,$
        DJNZ    R1,LAY2
        DJNZ    R0,LAY1
        RET
        END
```

第 2 组参考程序如下：

```
        MOV     A,#0FEH
        MOV     R3,#40
LOOP:   MOV     P1,A
        ACALL   DELAY
        DJNZ    R3,Q01
        MOV     R3,#40
        CPL     00H
Q01:    JNB     00H,Q02
        RR      A
        SJMP    LOOP
Q02:    RL      A
        SJMP    LOOP

DELAY:  MOV     R0,#0AH
```

```
DELAY1:    MOV     R1,#64H
DELAY2:    MOV     R2,#0FAH
           DJNZ    R2,$
           DJNZ    R1,DELAY2
           DJNZ    R0,DELAY1
           RET

           END
```

修改程序

编写若干种流水灯花样,组合成较大程序,依次循环执行。

实例三:自动车库控制系统

设计要求

(1) 用 AT89C51 单片机及外围电路组成自动车库控制系统。车库为 6 车位,分为 A、B 两个区,每区 3 个车位,编号分别为 A1、A2、A3 和 B1、B2、B3。

(2) 根据控制台的指令,车库外的车送到指定车位,或从指定车位将车取出。

设计方案

整个系统由自动车库和控制系统两大部分组成。

车库部分(如图 5.29 所示)为 A1~A3、B1~B3。C0~C3 是送车平台的运送通道。

“驶入”和“驶离”为两个按键,触动“驶入”按键表示有车驶入在 C0 位置的送车平台。触动“驶离”按键表示车辆从在 C0 位置的送车平台上开走。

工作流程如下:送车平台平时在车库外的 C0 位置,如果有车要存,首先将车开上在 C0 位置的平台(按“驶入”键),平台将车送到由控制台指定的车位。例如要将 C0 处的车送到 B2 车位,送车平台载车从 C0 出发经过 C1、C2 到达 B2,将车送入 B2 车位,然后送车平台原路返回,回到 C0。如果要取车,C0 位置的平台先到达指定的车位取车。然后再原路返回,回到 C0,将车取出到 C0 位置。

在 A1~A3、B1~B3、C0~C3 的 12 个位置上各装一个指示灯,以便显示车位占用情况和送车平台运动的情况。

为了降低难度和成本,未使用行程开关作定位信号,采用延时的方法。送取车的过程中每 2 s 移动一个位置,比如 C0 指示灯亮到 C1 指示灯亮要经过 2 s 时间,当然读者可修改延时子程序改变动作速度。

控制台电路如图 5.30 所示。

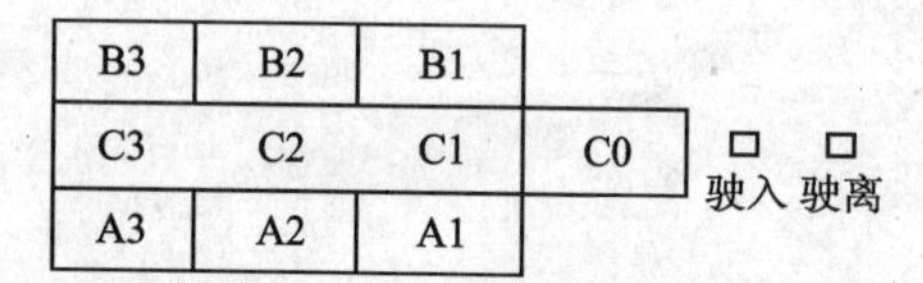

图 5.29 车库示意图

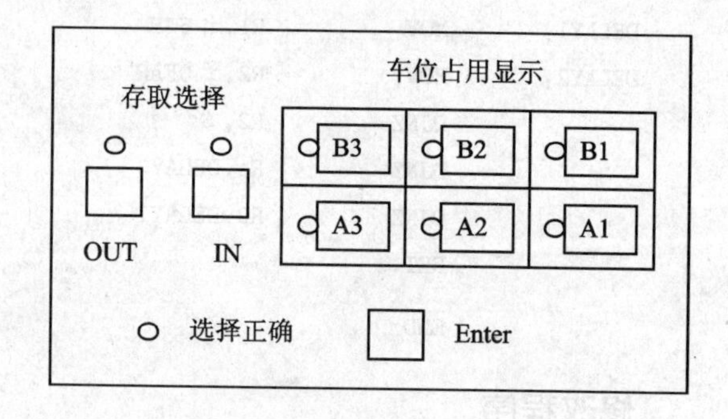

图 5.30 控制台

(1) 车位占用显示

共显示6个车位,编号分别是A1、A2、A3、B1、B2、B3。每个方格中包含1个按键和一个指示灯。指示灯亮时表示相对应车位已被占用,即该车位中有车;指示灯灭时表示该车位空闲。车位按键与控制台左边的存取选择按键配合决定"存"或"取"操作。

(2) 存取选择按键

触动IN按键后,"存入"指示灯亮,再触动"车位占用显示"中的车位按键。若欲存入的车位未被占用,则"选择正确"指示灯亮。按Enter按键确认后,车库的送车平台开始动作,将车送入指定车位。若选择存入车位已经被车辆占用,"选择正确"指示灯不亮,Enter按键操作无效。

触动OUT按键后,"取出"指示灯亮,再触动"车位占用显示"中的车位按键。若欲取出的车位被车被占用,则"选择正确"指示灯亮。按Enter按键确认后,车库的送车平台开始动作,将指定车位的车取至C0位置。若选择取出车位未被车辆占用,"选择正确"指示灯不亮,Enter按键操作无效。

电路硬件设计

原理电路如图5.31、图5.32和图5.33所示,电路板PCB图如图5.34和图5.35所示。

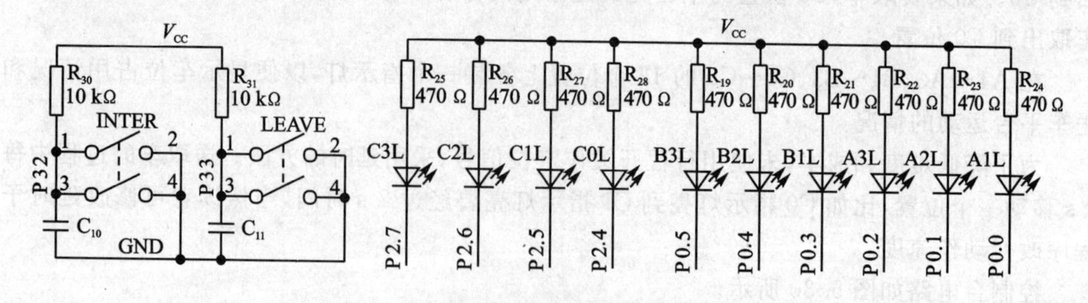

图 5.31 车库部分原理图

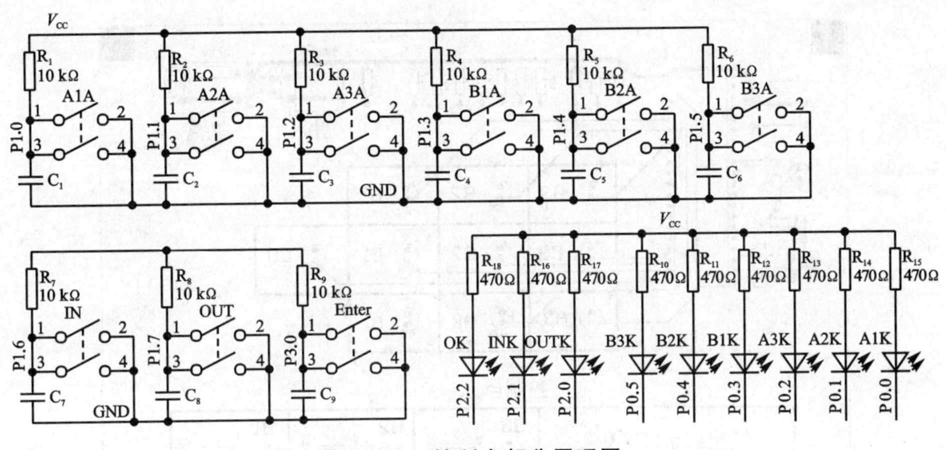

图 5.32 控制台部分原理图

(1) 车库部分

由 2 个按键和 10 个发光二极管组成。按键 INTER 和 LEAVE 用以模拟车库外的送车平台上(图 5.29 中的 C0 位置)是否有车。当送车平台上无车时,按 INTER 健表示有车开上送车平台;当送车平台上有车时,按 LEAVE 健表示送车平台上的车开离送车平台。两个按键分别与单片机的端口 P3.2 和 P3.3 连接,R_{30}、R_{31} 是上拉电阻,其作用是保证按键未按下时,端口 P3.2 和 P3.3 为高电位。当按键按下时,端口 P3.2 和 P3.3 通过按键接地,使得 P3.2 和 P3.3 变为低电平。电容 C_{10}、C_{11} 的作用是消抖动和抗干扰。

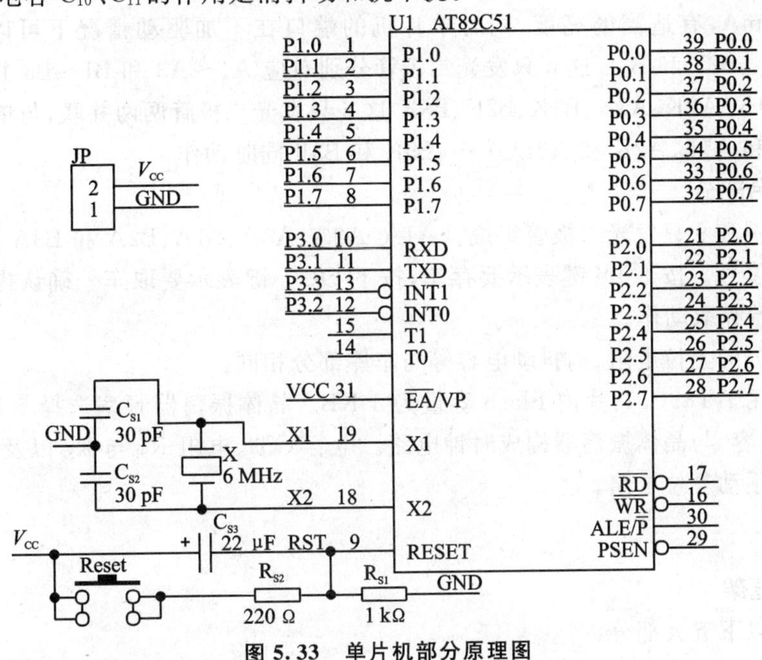

图 5.33 单片机部分原理图

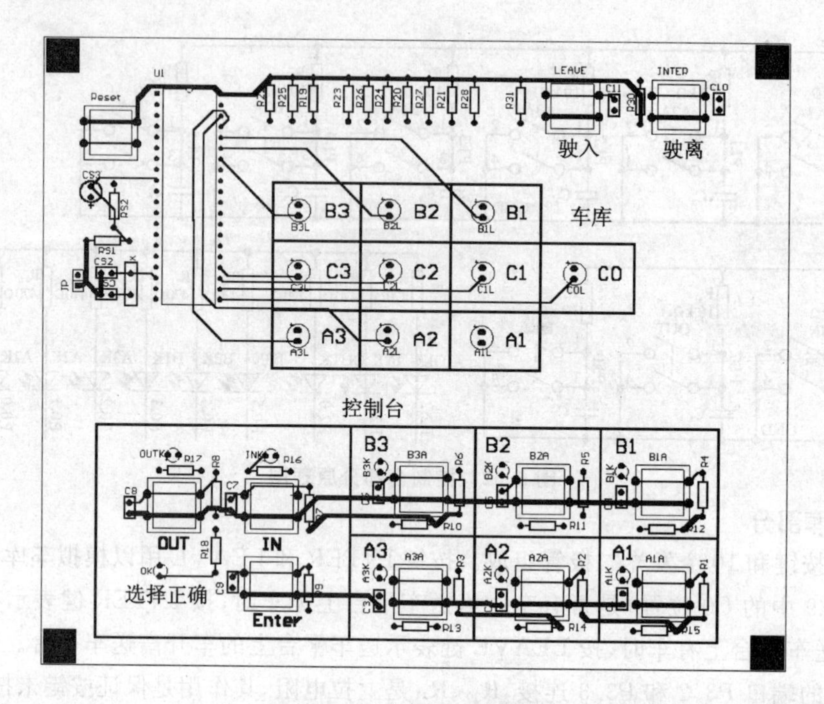

图 5.34 电路板 PCB 正面

每个发光二极管通过一只阻值为 470 Ω 的限流电阻与电源(V_{CC}),这样流经发光二极管的电流约为 7.5 mA,有适当的亮度,同时单片机的端口在不加驱动情况下可以承受。A1L、A2L、A3L、B1L、B2L 和 B3L 这 6 只发光二极管分别对应 A1～A3 和 B1～B3 共 6 个车位,并与控制台的 A1K、A2K、A3K、B1K、B2K、B3K 这 6 只发光二极管两两并联,与单片机的 P0 口连接,即 A1K 和 A1L、A2K 和 A2L、……、B3K 和 B3L 同时动作。

(2) 控制台部分

由 9 个按键和 9 只发光二极管组成。A1A、A2A、A3A、B1A、B2A 和 B3A 这 6 个按键表示要存取的车位号。按下 IN 键表示要存车,按下 OUT 键表示要取车。确认操作无误后,按下 Enter 键开始存取动作。

控制台部分的上拉电阻、消抖动电容等与车库部分相同。

单片机采用 AT89C51,片内 Flash 容量为 4 KB。晶体振荡器频率选择 6 MHz,Cs_1、Cs_2 为30 pF瓷片电容,与晶体振荡器构成时钟电路。电容 CS3、电阻 R_{S1} 与 R_{S2} 以及按键 Reset 构成上电复位和手动复位电路。

程序设计

(1) 程序框架

程序分成以下五大部分:

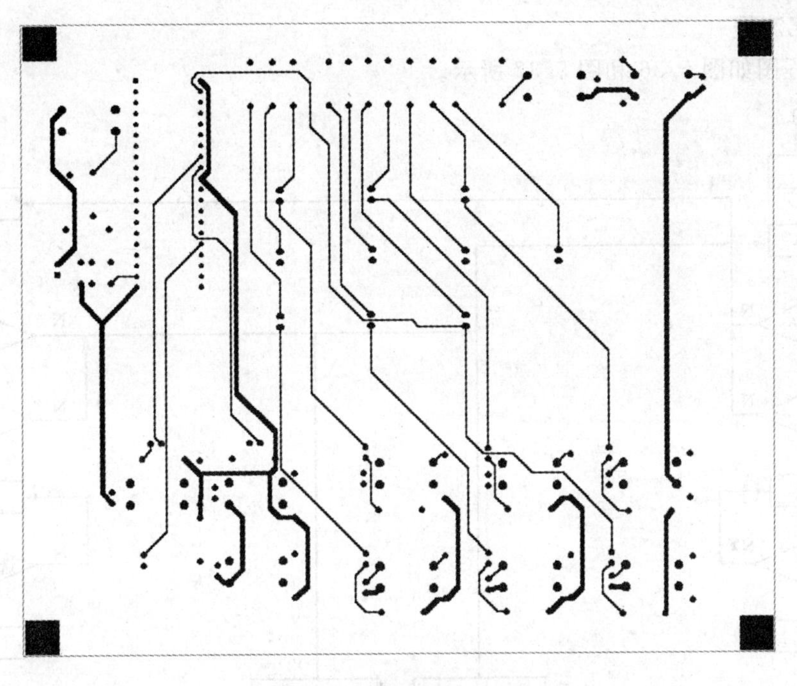

图 5.35 电路板 PCB 底面

① 初始化,设置定时器工作方式和初值;开放中断;设置堆栈。

② 存车操作。

③ 取车操作。

④ 定时器中断服务程序,读取按键状态,控制指示灯状态。

⑤ 延时子程序。

在初始化程序中设置定时器 T0 为工作方式 1,每 10 ms 中断一次,并且开放 T0 中断。设置堆栈底为 70H。

在存车操作程序中,判断送车平台 C0 位置上是否有车,若无车不能执行车操作。判断选定的存车车位中是否有车,若有车不能执行存车操作,以免发生碰撞事故。

在取车操作程序中,判断送车平台 C0 位置上是否有车,若有车不能执行取车操作。判断选定的取车车位中是否有车,若无车不能执行取车操作。

定时器中断服务每 10 ms 检查一次按键情况,并控制相应的指示灯亮灭,指示灯的状态将作为其他操作的判断依据。中断服务程序读取 IN、OUT、INTER、LEAVE 这 4 个按键的状态,并以 INK、OUTK、C0L 这 3 个指示灯来记录。INTER 键按下,C0L 亮,表示有车驶入送车平台。LEAVE 键按下,C0L 灭,表示送车平台上的驶离送车平台。按下 IN 键,指示灯 INK 亮、OUTK 灭,表示已选中存车操作。按下 OUT 键,指示灯 INK 灭、OUTK 亮,表示已选中取车操作。

(2) 程序流程

程序流程图如图 5.36 和图 5.37 所示。

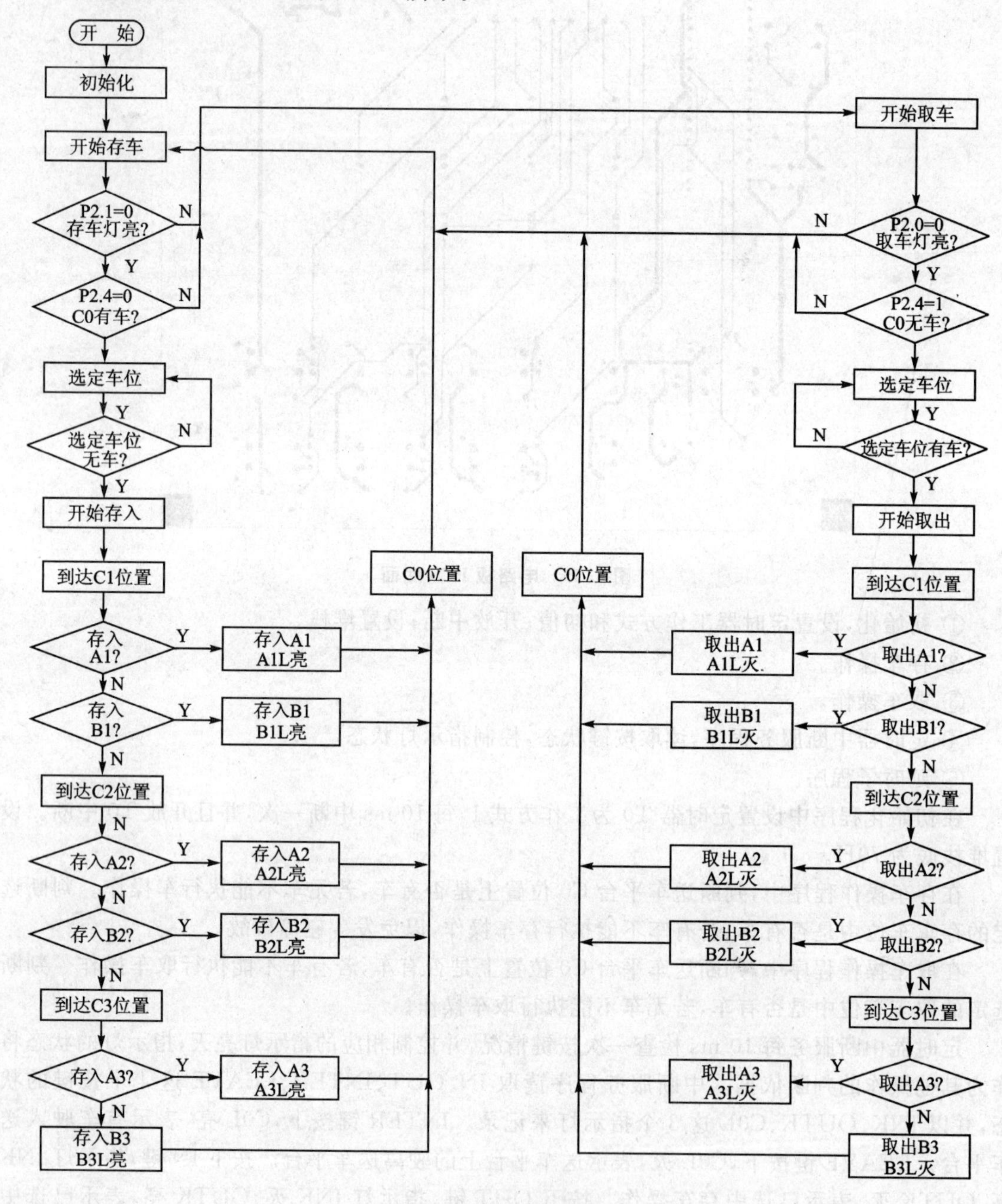

图 5.36　主程序流程图

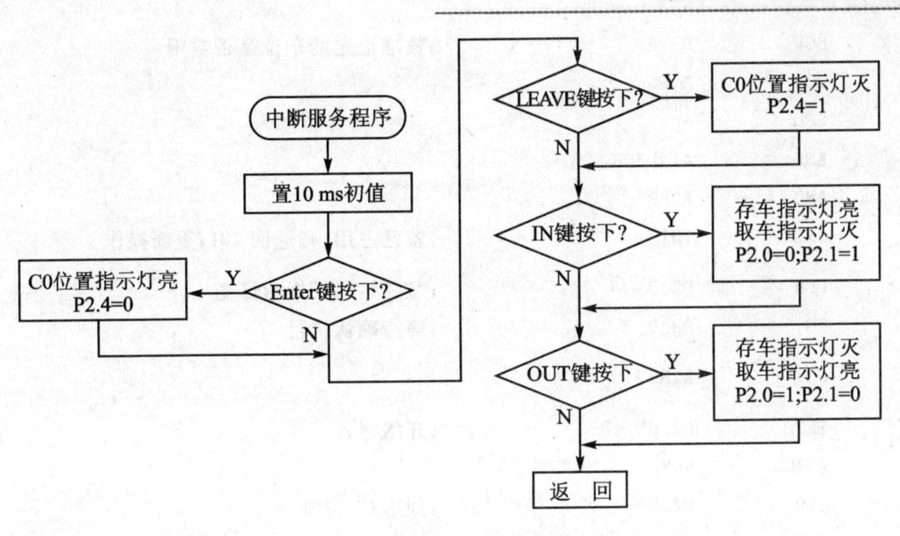

图 5.37 中断程序流程图

(3) 参考程序

```
        ORG     0000H
        AJMP    START
        ORG     000BH
        AJMP    KEY
START:  MOV     TMOD,＃01H
        MOV     IE,＃82H
        MOV     TH0,＃0ECH          ;定时 10 ms
        MOV     TL0,＃78H
        SETB    TR0
        MOV     SP,＃6FH            ;存车
IN0:    MOV     P2,＃0FFH
IN1:    JNB     P2.1,IN2            ;存车灯亮,执行 IN2
        AJMP    OUT1                ;存车等不亮,转到取车操作
IN2:    JNB     P2.4,IN3            ;C0 位置有车,执行 IN3
        AJMP    OUT1                ;C0 位置无车,转到取车操作
IN3:    MOV     P1,＃0FFH
        MOV     A,P1                ;等待选择车位号
        CPL     A
        ANL     A,＃3FH
        JZ      IN1
```

```
        MOV     R2,A            ;核准选定的车位是否空闲
        MOV     A,P0
        CPL     A
        ANL     A,#3FH
        ANL     A,R2
        JNZ     IN1             ;若已占用,则返回 IN1,重新操作
        CLR     P2.2            ;"选择正确"指示灯亮
        JB      P3.0,$          ;等待确认执行
        MOV     A,R2
        SETB    P2.4            ;开始存入
        ACALL   DLY
        CLR     P2.5            ;到达 C1 位置
        ACALL   DLY
        SETB    P2.5
        CJNE    A,#01H,IN4
        CLR     P0.0            ;存入 A1
        ACALL   DLY
        AJMP    IN11
IN4:    CJNE    A,#08H,IN5
        CLR     P0.3            ;存入 B1
        ACALL   DLY
        AJMP    IN1
IN5:    CLR     P2.6            ;到达 C2 位置
        ACALL   DLY
        SETB    P2.6
        CJNE    A,#02H,IN6
        CLR     P0.1            ;存入 A2
        ACALL   DLY
        AJMP    IN10
IN6:    CJNE    A,#10H,IN7
        CLR     P0.4            ;存入 B2
        ACALL   DLY
        AJMP    IN10
IN7:    CLR     P2.7            ;到达 C3 位置
```

```
        ACALL   DLY
        SETB    P2.7
        CJNE    A,#04H,IN8
        CLR     P0.2            ;存入 A3
        ACALL   DLY
        AJMP    IN9
IN8:    CLR     P0.5            ;存入 B3
        ACALL   DLY
IN9:    CLR     P2.7            ;退回 C3 位置
        ACALL   DLY
        SETB    P2.7
IN10:   CLR     P2.6            ;退回 C2 位置
        ACALL   DLY
        SETB    P2.6
IN11:   CLR     P2.5            ;退回 C1 位置
        ACALL   DLY
        SETB    P2.5
        CLR     P2.4            ;退回 C0 位置
        ACALL   DLY
        MOV     P2,#0FFH
        AJMP    IN1             ;存入完成,到开始位置重新运行取车
OUT0:   MOV     P2,#0FFH
OUT1:   JNB     P2.0,OUT2       ;取车灯亮,执行 OUT2
        AJMP    IN1             ;取车灯不亮,转到存车操作
OUT2:   JB      P2.4,OUT3       ;C0 位置无车,可以取车操作
        AJMP    IN1             ;C0 位置有车,执行存车
OUT3:   MOV     P1,#0FFH
        MOV     A,P1            ;等待选择车位号
        CPL     A
        ANL     A,#3FH
        JZ      OUT1
        CPL     A
        MOV     R2,A            ;核准选定的车位是否有车
        MOV     A,P0
```

```
        CPL     A
        ORL     A,R2
        CJNE    A,＃0FFH,OUT4
        SJMP    OUT5
OUT4:   AJMP    IN1             ;空闲,返回 IN1,重新操作
OUT5:   CLR     P2.2            ;"选择正确"指示灯亮
        JB      P3.0,$          ;等待确认执行
        MOV     A,R2
        CPL     A
        CLR     P2.4            ;开始取车
        ACALL   DLY
        SETB    P2.4
        CLR     P2.5            ;到达 C1 位置
        ACALL   DLY
        CJNE    A,＃01H,OUT6
        SETB    P2.5
        ACALL   DLY
        SETB    P0.0            ;取出 A1
        AJMP    OUT13
OUT6:   CJNE    A,＃08H,OUT7
        SETB    P2.5
        ACALL   DLY
        SETB    P0.3            ;取出 B1
        AJMP    OUT13
OUT7:   SETB    P2.5
        CLR     P2.6            ;到达 C2 位置
        ACALL   DLY
        SETB    P2.6
        CJNE    A,＃02H,OUT8
        SETB    P2.6
        ACALL   DLY
        SETB    P0.1            ;取出 A2
        AJMP    OUT12
OUT8:   CJNE    A,＃10H,OUT9
        SETB    P2.6
```

```
        ACALL   DLY
        SETB    P0.4            ;取出 B2
        AJMP    OUT12
OUT9:   SETB    P2.6
        CLR     P2.7            ;到达 C3 位置
        ACALL   DLY
        SETB    P2.7
        CJNE    A,#04H,OUT10
        SETB    P2.7
        ACALL   DLY
        SETB    P0.2            ;取出 A3
        AJMP    OUT11
OUT10:  SETB    P2.7
        ACALL   DLY
        SETB    P0.5            ;取出 B3
OUT11:  CLR     P2.7            ;退回 C3 位置
        ACALL   DLY
        SETB    P2.7
OUT12:  CLR     P2.6            ;退回 C2 位置
        ACALL   DLY
        SETB    P2.6
OUT13:  CLR     P2.5            ;退回 C1 位置
        ACALL   DLY
        SETB    P2.5
        CLR     P2.4            ;取车到 C0 位置
        MOV     P2,#0EFH
        AJMP    IN1             ;存入完成,到开始位置重新运行
;T0 中断服务程序
KEY:    MOV     TH0,#0ECH       ;每 10 ms 读一次按键的状态
        MOV     TL0,#78H
        JB      P3.3,KEY1       ;驶入按键按下,C0 位置有车指示灯亮
        CLR     P2.4
KEY1:   JB      P3.2,KEY2       ;驶出按键按下,C0 位置有车指示灯灭
        SETB    P2.4
KEY2:   JB      P1.6,KEY3       ;存车键按下,存车指示灯亮,取车灯灭
```

```
        SETB    P2.0
        CLR     P2.1
KEY3:   JB      P1.7,KEY4        ;存车键按下,取车指示灯亮,存车灯灭
        SETB    P2.1
        CLR     P2.0
KEY4:   RETI
;2 s 延时
DLY:    MOV     R5,#20
DLYA:   MOV     R6,#100
DLYB:   MOV     R7,#250
        DJNZ    R7,$
        DJNZ    R6,DLYB
        DJNZ    R5,DLYA
        RET
END
```


实例四：电梯控制系统模型

设计要求

用AT89C51单片机及外围电路组成电梯控制系统模型(电梯为4层楼服务)。

设计方案

控制系统由各楼层的电梯间电路、电梯内电路和控制台电路3部分组成。

电梯在各楼层的定位本应采用行程开关,考虑到操作性,采用延时控制。

相邻楼层间升降时间设为2 s。

(1) 各楼层的电梯间电路

2、3楼的电梯间均有“上升”和“下降”选择按键,1楼只有“上升”按键,4楼只有“下降”按键。

每个按键配一只发光二极管,作为指示灯。

(2) 电梯内部电路

目标楼层号1～4选择按键。

每个按键配有相应指示灯。

(3) 控制台电路

① 2个按键用于手动控制,控制电梯的“开始运行”和“停止运行”;

② 2个指示灯,分别指示电梯当前升降情况;

③ 用于显示电梯当前所处楼层的数码管。

硬件电路设计

(1) 各楼层电梯间电路

如图 5.38 所示，R_{52}、R_{55}、R_{56}、R_{59}、R_{60} 和 R_{62} 是上拉电阻，其作用是保证按键未按下时，端口 P1.0～P1.5 为高电位。当按键按下时，端口 P1.0～P1.5 通过按键接地，使得 P1.0～P1.5 变为低电平。电容 C_{51}～C_{56} 的作用是消除抖动和抗干扰。各楼层电梯间的升降选择按键均与单片机 P1 口连接，上升按键与 P0 口的 P1.0～P1.2 连接，下降按键与 P0 口的 P1.3～P1.5 连接，即由 P1 口可以读到电梯间升降按键的状态。指示灯与 P0 口的 P0.0～P0.5 连接。每个发光二极管通过一只阻值为 470 Ω 的限流电阻与电源(V_{CC})相连，这样流经发光二极管的电流约为 7.5 mA，有适当的亮度，同时单片机的端口在不加驱动情况下可以承受。

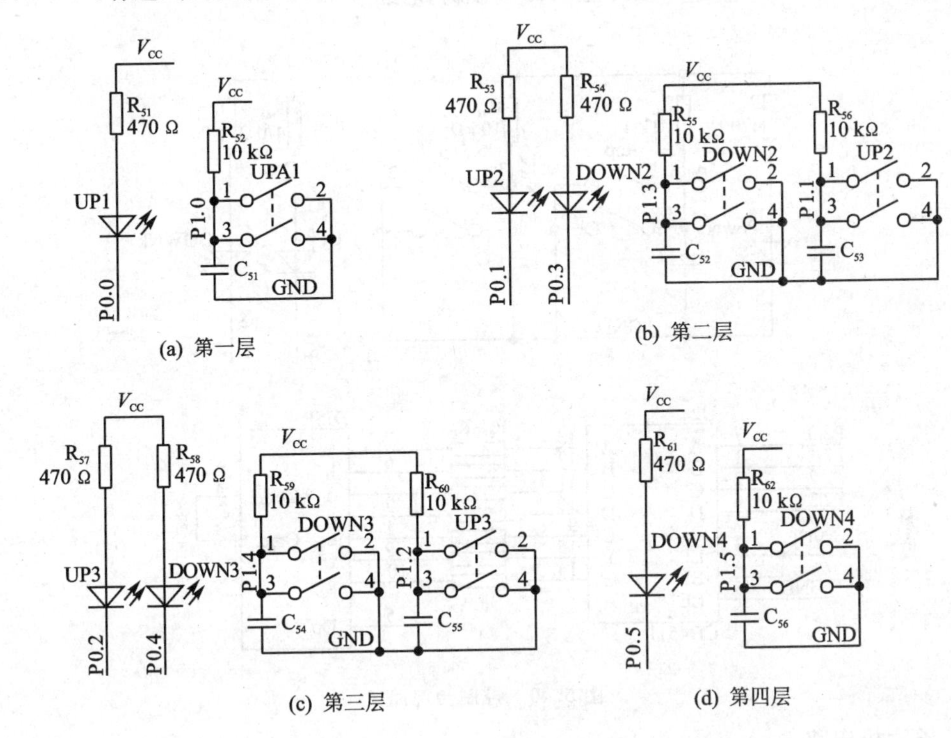

图 5.38 电梯间电路

(2) 电梯内电路

如图 5.39 所示，4 个目标楼层选择按键和 4 个目标楼层指示灯。按键与 P3 口的 P3.0～P3.3 连接，指示灯与 P2 口的 P2.0～P2.3 相连。上拉电阻和电容的作用同上。

(3) 控制台电路

如图 5.40 所示，发光二极管 Power 是电源指示灯，用以显示供电是否正常。DISP 是 0.5 英寸数码管，用来显示当前楼层，采用 CD4511 作译码器，经 R_{31}～R_{37}(阻值为 470 Ω)电阻限流。

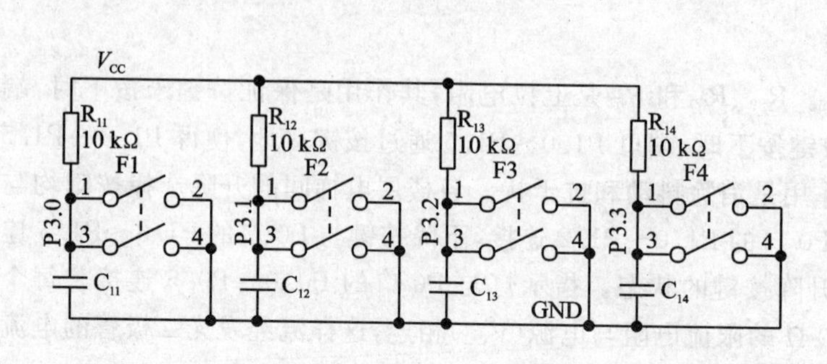

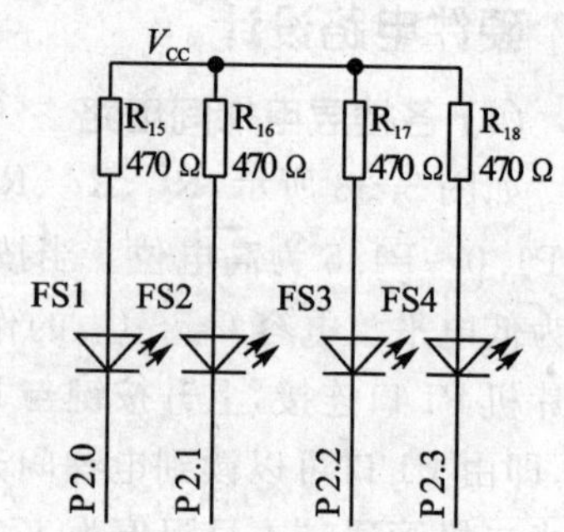

图 5.39 电梯内电路

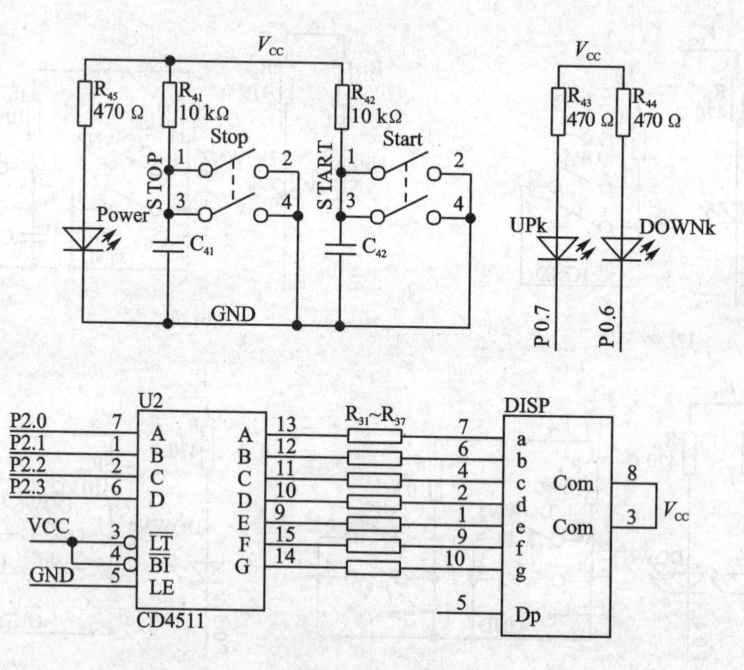

图 5.40 控制台电路

(4) 单片机电路

如图 5.41 所示，单片机采用 AT89C51，在片 Flash 容量为 4 KB。晶体振荡器选 6 MHz，C_{S1}、C_{S2} 为 30 pF 瓷片电容，与晶体振荡器构成时钟电路。电容 C_{S3}、电阻 R_{S1}、R_{S2} 及按键 Reset 构成上电复位和手动复位电路。

(5) 电路板 PCB 图

图 5.42 和图 5.43 所示为电路板 PCB 图的顶层和底层。

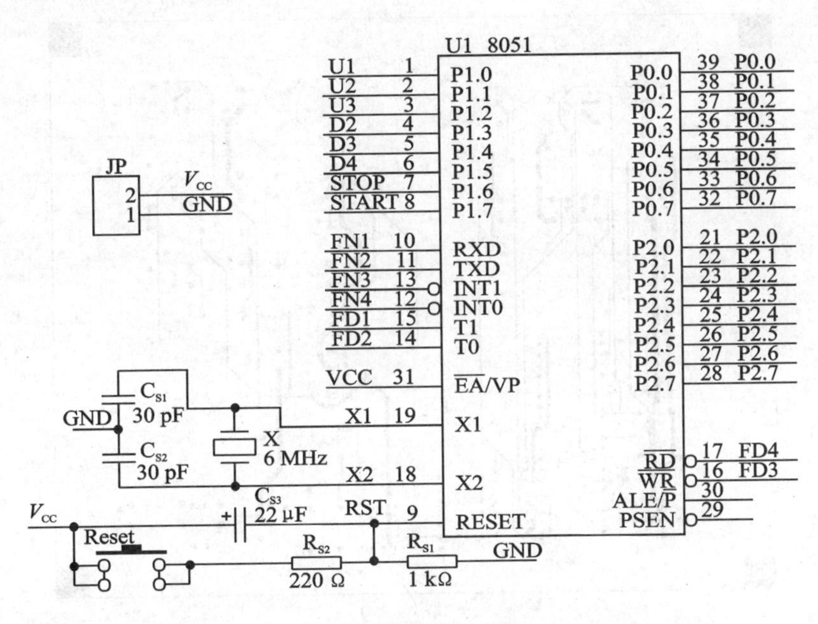

图 5.41　单片机电路

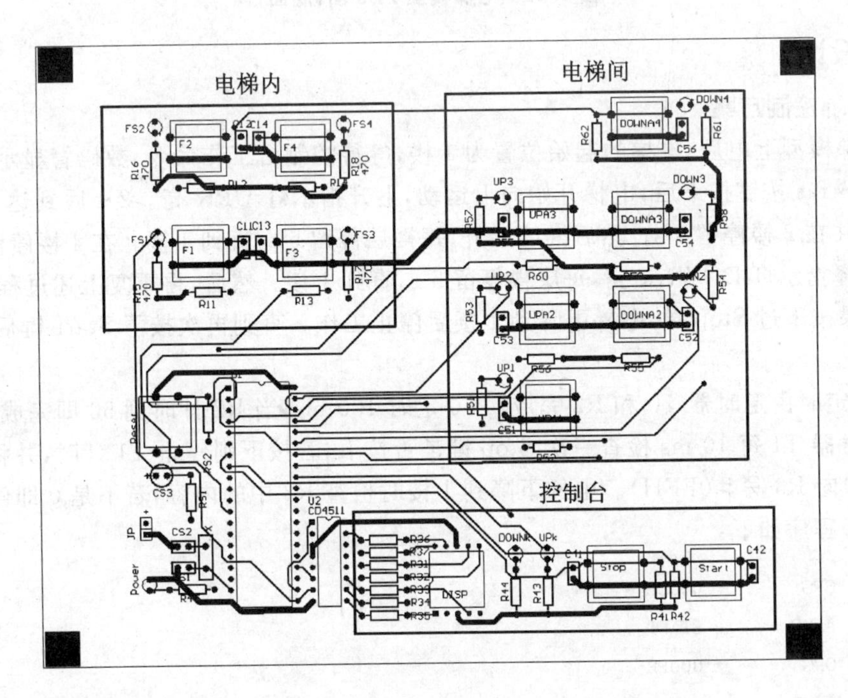

图 5.42　电梯模型 PCB 图(正面)

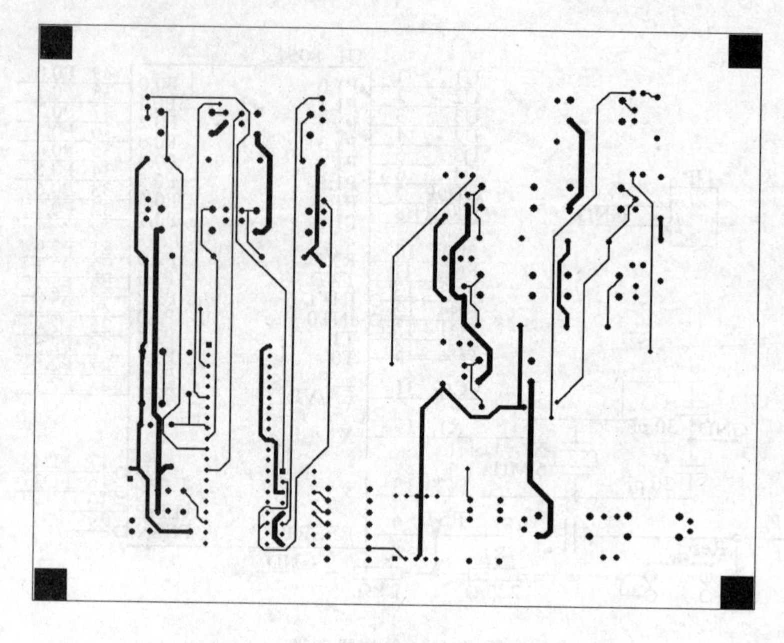

图 5.43 电梯模型 PCB 图(底面)

程序设计

(1) 简易控制方案

① 电梯模型上电后,电梯的起始位置为1楼,等待控制台工作命令,数码管显示“1”。

② 当 Strat 按键按下后,电梯开始向上运动,上升指示灯 UPK 亮。2 s 后到达2楼,数码管显示“2”并在2楼停留5 s。然后继续上升,每楼层停留5 s,直到4楼。在4楼停留5 s后开始下降,下降指示灯 DOWNk 亮,每层楼停留5 s,直到1楼。然后,再重复上述过程。

③ 如果按下过 Stop 键,电梯下降到1楼后停止工作。直到再次按下 Start 键后重新恢复工作。

④ 5 s定时由定时器 T0 和 R2 完成。T0 定时100 ms,当 R2 计时到50即完成5 s定时。

⑤ 定时器 T1 每10 ms检查一次 Stop 键是否按下,若按下则停止 T1 计时,并将 R3 置为非0(程序中向 R3 写#0FFH)。电梯下降到1楼时检查 R3 中的内容,若不是0即停止工作。

⑥ 参考程序如下:

```
ORG     0000H
AJMP    START
ORG     000BH
AJMP    TIME
ORG     001BH
```

```
        AJMP    TIME1
START:  MOV     TMOD,#11H
        MOV     IE,#8AH
        MOV     TH0,#3CH            ;定时 100 ms
        MOV     TL0,#0B0H
        MOV     TH1,#0ECH           ;定时 10 ms
        MOV     TL1,#78H
        SETB    TR0
        SETB    TR1
        MOV     SP,#6FH
Q1:     CLR     P0.6
        CLR     P0.7
        MOV     R3,#0
        MOV     P2,#0F1H            ;数码管显示"1"
        JB      P1.7,$              ;等待开始工作指令
        SETB    P0.6
Q2:     CLR     P0.7                ;上升指示灯亮
        ACALL   DLY                 ;上升 2 s
        SETB    P0.7                ;到达二层,上升指示灯灭
        MOV     P2,#0F2H            ;数码管显示"2"
        MOV     R2,#0               ;5 s 定时开始
        CJNE    R2,#50,$            ;等待 5 s 延时
        CLR     P0.7                ;5 s 到,继续上升
        ACALL   DLY                 ;上升 2 s
        SETB    P0.7                ;到达三层,上升指示灯灭
        MOV     P2,#0F3H            ;数码管显示"3"
        MOV     R2,#0               ;5 s 定时开始
        CJNE    R2,#50,$            ;等待 5 s 延时
        CLR     P0.7                ;5 s 到,继续上升
        ACALL   DLY                 ;上升 2 s
        SETB    P0.7                ;到达四层,上升指示灯灭
        MOV     P2,#0F4H            ;数码管显示"4"
        MOV     R2,#0               ;5 s 定时开始
        CJNE    R2,#50,$            ;等待 5 s 延时
```

```
        CLR     P0.6        ;5 s到,开始下降,下降指示灯亮
        ACALL   DLY         ;下降2 s
        SETB    P0.6        ;到达三层,下降指示灯灭
        MOV     P2,#0F3H    ;数码管显示"3"
        MOV     R2,#0       ;5 s定时开始
        CJNE    R2,#50,$    ;等待5 s延时
        CLR     P0.6        ;5 s到,继续下降,下降指示灯亮
        ACALL   DLY         ;下降2 s
        SETB    P0.6        ;到达二层,下降指示灯灭
        MOV     P2,#0F2H    ;数码管显示"2"
        MOV     R2,#0       ;5 s定时开始
        CJNE    R2,#50,$    ;等待5 s延时
        CLR     P0.6        ;5 s到,继续下降,下降指示灯亮
        ACALL   DLY         ;下降2 s
        SETB    P0.6        ;到达一层,下降指示灯灭
        MOV     P2,#0F1H    ;数码管显示"1"
        MOV     R2,#0       ;5 s定时开始
        CJNE    R2,#50,$    ;等待5 s延时
        CJNE    R3,#0,Q3
        AJMP    Q2          ;R3 = 0转到Q2开始新的循环
Q3:     CLR     P0.6        ;R3≠0转Q1停止工作
        CLR     P0.7
        AJMP    Q1
;定时器T0中断服务程序:5 s定时,R2为计数器
TIME:   MOV     TH0,#3CH
        MOV     TL0,#0B0H
        INC     R2
        RETI
;定时器T1中断服务程序:记录Stop键是否曾经按下过,R3作为标志
TIME1:  JB      P1.6,TIME11
        MOV     R3,#0FFH
        CLR     TR1
TIME11: RETI
DLY:    MOV     R4,#200
```

```
DLY1:   MOV     R5,#250
        DJNZ    R5,$
        DJNZ    R4,DLY1
        RET
        END
```

(2) 进一步控制方案

控制逻辑流程如图 5-44 所示。

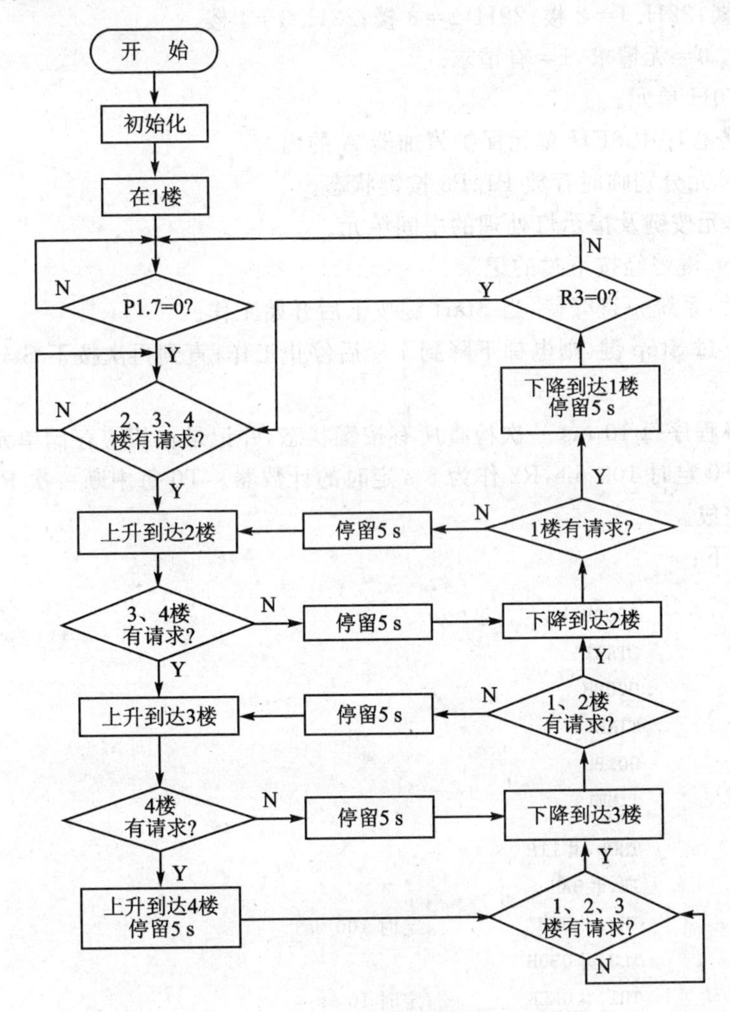

图 5.44　控制逻辑流程

说明如下：

① 存储单元分配：

20H——电梯间上升请求：

20H.0=1楼；20H.1=2楼；20H.2=3楼；20H.3=4楼。

21H——电梯间下降请求：

21H.0=1楼；21H.1=2楼；21H.2=3楼；21H.3=4楼。

22H——电梯内目标楼层请求：

22H.0=1楼；22H.1=2楼；22H.2=3楼；22H.3=4楼。

20H～22H：0=无请求，1=有请求。

堆栈栈底：70H单元。

T1中断服务程序中6EH单元保护累加器A的内容。

30H、31H单元分别临时存放P1、P3按键状态。

32H作为单元按键及指示灯处理的中间单元。

R3作为Stop键曾经按下过的记录。

② 上电之后，系统一直等待，当Start键按下后开始工作。

③ 如果按下过Stop键，则电梯下降到1楼后停止工作；直到再次按下Start键后，再重新恢复工作。

④ 中断服务程序每10 ms一次检查所有按键状态，并记录在相应存储单元。

⑤ 定时器T0定时100 ms，R2作为5 s定时的计数器。T0每中断一次R2加1，当R2=50时，5 s计时完成。

参考程序如下：

```
        ORG     0000H
        AJMP    START
        ORG     000BH
        AJMP    TIME
        ORG     001BH
        AJMP    TIME1
START:  MOV     TMOD,#11H
        MOV     IE,#8AH
        MOV     TH0,#3CH            ;定时 100 ms
        MOV     TL0,#0B0H
        MOV     TH1,#0ECH           ;定时 10 ms
        MOV     TL1,#78H
        SETB    TR0
        SETB    TR1
```

```
        MOV     SP,#6FH
S1:     CLR     P0.6
        CLR     P0.7
        MOV     R3,#0
        MOV     P2,#0F1H        ;数码管显示“1”
        JB      P1.7,$          ;等待开始工作指令
        SETB    P0.6
UP1:    MOV     A,20H           ;目前在 1 楼
        ORL     A,21H           ;取得>1 楼的请求情况
        ORL     A,22H
        ANL     A,#0EH
        JZ      UP1             ;无请求,则等待
        CLR     P0.7            ;上升指示灯亮
        ACALL   DLY             ;上升 2 s
UP2:    MOV     P2,#0F2H        ;到达 2 楼,数码管显示“2”
        JB      20H.1,UP21      ;是 2 楼电梯间的上升请求,转 UP21
        JB      22H.1,UP21      ;是电梯内目标 2 楼请求,转 UP21
        SJMP    UP22
UP21:   CLR     20H.1           ;清二楼电梯间上升请求标志位
        CLR     22H.1           ;清电梯内目标 2 楼请求标志位
        SETB    P0.7            ;上升指示灯灭
        MOV     R2,#0           ;5 s 定时开始
        CJNE    R2,#50,$        ;等待 5 s 延时
UP22:   MOV     A,20H
        ORL     A,21H
        ORL     A,22H
        ANL     A,#0CH          ;取得>2 楼请求情况
        JNZ     UP23
        AJMP    DOWN22          ;>2 楼无请求,转 2 楼下降
UP23:   CLR     P0.7            ;上升指示灯亮
        ACALL   DLY             ;上升 2 s
UP3:    MOV     P2,#0F3H        ;到达 3 楼,数码管显示“3”
        JB      20H.2,UP21      ;是 3 楼电梯间的上升请求,转 UP31
        JB      22H.2,UP21      ;是电梯内目标 3 楼请求,转 UP31
        SJMP    UP32
```

```
UP31:   CLR     20H.1           ;清 3 楼电梯间上升请求标志位
        CLR     22H.1           ;清电梯内目标 3 楼请求标志位
        SETB    P0.7            ;上升指示灯灭
        MOV     R2,#0           ;5 s 定时开始
        CJNE    R2,#50,$        ;等待 5 s 延时
UP32:   MOV     A,20H
        ORL     A,21H
        ORL     A,22H
        ANL     A,#08H          ;取得>3 楼请求情况
        JNZ     UP33
        AJMP    DOWN32          ;>3 楼无请求,转 3 楼下降
UP33:   CLR     P0.7            ;上升指示灯亮
        ACALL   DLY             ;上升 2 s
UP4:    MOV     P2,#0F4H        ;到达 4 楼,数码管显示"4"
UP41:   CLR     20H.3           ;清 4 楼电梯间下降请求标志位
        CLR     22H.3           ;清电梯内目标 4 楼请求标志位
        SETB    P0.7            ;上升指示灯灭
        MOV     R2,#0           ;5 s 定时开始
        CJNE    R2,#50,$        ;等待 5 s 延时
UD4:    MOV     A,20H
        ORL     A,21H
        ORL     A,22H
        ANL     A,#07H          ;取得<4 楼的请求情况
        JNZ     DOWN4
        AJMP    UD4
DOWN4:  CLR     P0.6            ;下降指示灯亮
        ACALL   DLY             ;下降 2 s
DOWN3:  MOV     P2,#0F3H        ;到达 3 楼,数码管显示"3"
        JB      21H.2,DOWN31    ;是 3 楼电梯间的下降请求,转 DOWN31
        JB      22H.2,DOWN31    ;是电梯内目标 3 楼请求,转 DOWN31
        SJMP    DOWN32
DOWN31: CLR     21H.2           ;清 3 楼电梯间下降请求标志位
        CLR     22H.2           ;清电梯内目标 3 楼请求标志位
        SETB    P0.6            ;下降指示灯灭
        MOV     R2,#0           ;5 s 定时开始
```

```
         CJNE    R2,#50,$          ;等待5 s延时
DOWN32:  MOV     A,20H
         ORL     A,21H
         ORL     A,22H
         ANL     A,#03H            ;取得<3楼请求情况
         JNZ     DOWN33
         AJMP    UP32              ;<3楼无请求,转3楼上升
DOWN33:  CLR     P0.6              ;下降指示灯亮
         ACALL   DLY
DOWN2:   MOV     P2,#0F2H          ;到达2楼,数码管显示"2"
         JB      21H.1,DOWN21      ;是2楼电梯间的下降请求,转DOWN21
         JB      22H.1,DOWN21      ;是电梯内目标3楼请求,转DOWN21
         SJMP    DOWN22
DOWN21:  CLR     21H.1             ;清2楼电梯间下降请求标志位
         CLR     22H.1             ;清电梯内目标2楼请求标志位
         SETB    P0.6              ;下降指示灯灭
         MOV     R2,#0             ;5 s定时开始
         CJNE    R2,#50,$          ;等待5 s延时
DOWN22:  MOV     A,20H
         ORL     A,21H
         ORL     A,22H
         ANL     A,#01H            ;取得<2楼请求情况
         JNZ     DOWN23
         AJMP    UP22              ;<2楼无请求,转2楼上升
DOWN23:  CLR     P0.6              ;下降指示灯亮
         ACALL   DLY
DOWN1:   MOV     P2,#0F1H          ;到达1楼,数码管显示"1"
DOWN11:  CLR     21H.0             ;清电梯内目标1楼请求标志位
         SETB    P0.6              ;下降指示灯灭
         MOV     R2,#0             ;5 s定时开始
         CJNE    R2,#50,$          ;等待5 s延时

         CJNE    R3,#0,DOWN12      ;Stop键是否按下过
         AJMP    UP1
DOWN12:  CLR     P0.6              ;若Stop键按下过,则转S1停止工作
         CLR     P0.7
```

```
        AJMP    S1
;定时器 T0 中断服务程序:5 s 计时
TIME:   MOV     TH0,#3CH
        MOV     TL0,#0B0H
        INC     R2              ;R2 计数器
        RETI
;定时器 T1 中断服务程序:按键状态检查
TIME1:  MOV     TH1,#0ECH       ;每 10 ms 检查一次 Stop 键
        MOV     TL1,#78H
        MOV     6EH,A
        MOV     30H,P1          ;读入所有按键状态
        MOV     31H,P3

        MOV     A,30H
        CPL     A
        ANL     A,#07H          ;取得电梯间上升请求
        ORL     20H,A

        MOV     A,20H           ;取得上升指示灯状态
        CPL     A
        ANL     A,#07H
        MOV     32H,A

        MOV     A,30H
        CPL     A
        ANL     A,#38H          ;取得电梯间下降请求
        RR      A
        RR      A
        ORL     21H,A
        MOV     A,21H
        CPL     A
        ANL     #0EH
        RL      A
        RL      A
        ORL     32H,A
        MOV     A,P0
        ANL     A,#0C0H
        ORL     A,32H
        MOV     P0,A            ;刷新上升、下降请求指示灯
```

```
        MOV     A,31H
        ANL     A,#0FH          ;取得电梯内目标楼层请求
        ORL     22H,A
        MOV     A,22H
        CPL     A
        MOV     P2,A            ;刷新电梯内目标楼层指示灯
        JB      P1.6,TIME11     ;若 Stop 键未按下,则直接返回
        MOV     R3,#0FFH        ;若 Stop 键按下,则标准 R3 置非 0 数,并关闭 T1
        CLR     TR1
TIME11: MOV     A,6EH
        RETI
;2 s 延时程序
DLY:    MOV     R5,#20
DLY1:   MOV     R6,#100
DLY2:   MOV     R7,#250
        DJNZ    R7,$
        DJNZ    R6,DLY2
        DJNZ    R5,DLY1
        RET
        END
```


习题 5

1. 画出常用开关量输出的驱动电路,并简述其工作原理。
2. 试述晶闸管的特点。
3. 试述固态继电器的原理及应用特点。
4. 试述图 5.24 的工作原理。
5. 编写产生连续方波脉冲的程序,要求脉冲周期 1 ms,从 P1.0 脚输出。

第 6 章

显示器和键盘接口电路

单片机控制系统的重要组成部分之一就是其硬件系统。通过硬件系统获得过程或被控信号的参数值,进行参数处理和转换,并控制对象以及对过程参数的显示和干预等。因此,一个合理、简洁、可靠的单片机硬件系统便成了单片机控制系统的重要组成部分。一个单片机硬件系统包括 4 大部分,即信号参数的采集通道及变换、参数的处理、控制信号的输出通道以及过程显示和人工干预等。单片机和操作人员之间常常需要互通信息:一是显示生产过程的状况,以便生产管理人员了解生产情况并进行操作指导;二是为操作人员提供运行要求,对系统进行人工干预,即对生产过程进行监视和控制,因此显示器和键盘接口也是单片机控制技术的重要组成部分之一。

6.1 LED 显示器接口

LED 显示器是单片机应用系统中常用的廉价输出设备。它是由若干个发光二极管组成的,当发光二极管导通时,相应一段数码管或一个像素发光,控制某几段发光二极管导通,就能显示出某个数码或字符。目前市场上常用的 LED 显示器主要有两种:七段数码管、米字型和点阵显示器。

6.1.1 LED 显示器结构

常用七段 LED 显示器有两种结构,如图 6.1 所示。

米字型显示器与七段数码管结构原理类似,在此不再赘述。

LED 点阵显示器亦称 LED 点阵或 LED 矩阵板。它是以发光二极管为像素(亦称像元),按照行与列的顺序排列起来,用集成工艺制成的显示元件。它具有亮度高且均匀、可靠性高、接线简单、拼装方便等优点,广泛用于大屏幕 LED 智能显示屏、智能仪器和机电一体化设备中,实现了用先进的单片机智能显示技术取代数显技术。常见的有 5×7(其中的“5”代表列数,“7”代表行数,如图 6.2 所示,(b)图上的数字代表引脚序号)、8×8 点阵。表 6.1 列出几种单色、彩色 LED 点阵显示器的主要参数,P_M、I_{FM}等参数值均对一个像素而言。单色点阵中的每个像素对应一个发光二极管。

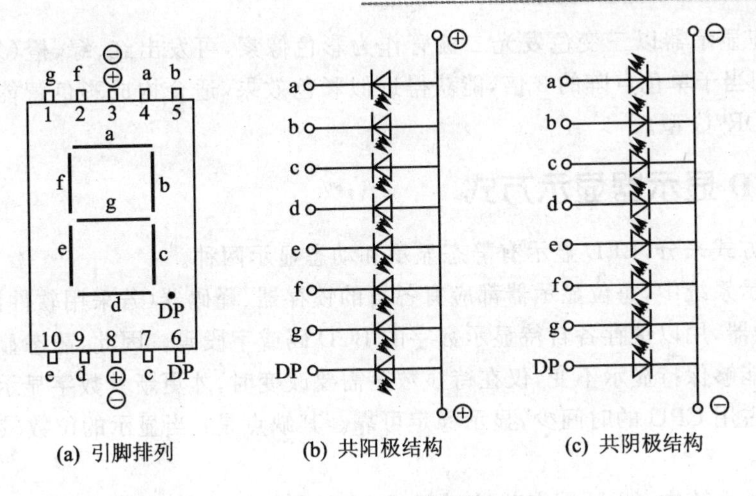

(a) 引脚排列　(b) 共阳极结构　(c) 共阴极结构

图 6.1　LED 数码管

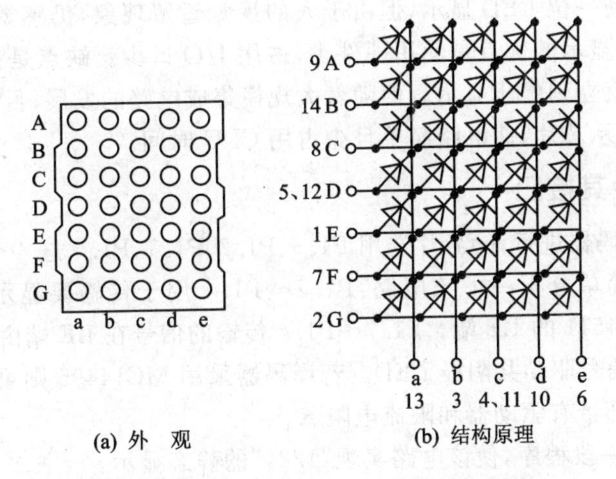

(a) 外　观　(b) 结构原理

图 6.2　P2157A 型共阳极单色 5×7 点阵显示器

表 6.1　几种单色、彩色 LED 点阵显示器的主要参数

型　号	规　格	像素/个	发光颜色		P_M/mW	I_F/mA	I_{FM}/mA	U_F/V	I_V/mcd	λ_P/nm
			单色	复合						
BFJ-OR	5×7	35	红	—	60	10	30	≤2.5	≥0.2	630
	8×8	64								
BFJ-G	5×7	35	绿	—	60	10	30	≤2.5	≥0.3	565
	8×8	64								
BFJ-OR/G	8×8	64	红	橙	60×2	10	30	≤2.5	≥0.2	630
			绿						≥0.3	565

彩色LED点阵显示器以三变色发光二极管作为彩色像素，可发出红、绿、橙(复合光)三种颜色，像素密度相当于单色点阵的3倍，能获得近似彩色效果，适合构成彩色智能显示屏。典型产品有BFJ-OR/G型。

6.1.2 LED显示器显示方式

按照显示方式来分，LED显示有静态显示和动态显示两种。

在静态显示系统中，每位显示器都应有各自的锁存器、译码器(若采用软件译码，则译码器可省去)与驱动器，用以锁存各自待显示数字的BCD码或字段码。因此，静态显示系统在每一次显示输出后能够保持显示不变，仅在待显数字需要改变时，才更新其数字显示器中锁存的内容。这种显示占用CPU的时间少，显示稳定可靠。其缺点是：当显示的位数较多时，占用I/O口较多。

在动态显示系统中，CPU需定时地对每位LED显示器进行扫描，每位LED显示器分时轮流工作，每次只能使一位LED显示，但由于人的视觉暂留现象，仍感觉所有的LED显示器都在同时显示。这种显示的优点是使用硬件少，占用I/O口少。缺点是占用CPU时间长，只要不执行显示程序，就立刻停止显示。但随着大规模集成电路的发展，目前已有能自动对显示器进行扫描的专用显示芯片，使电路简单且少占用CPU时间。

1. 静态显示及其接口

采用CD4511译码器进行译码，片选用P1.3、P1.2、P1.1、P1.0这4个引脚的输出信号实现，如图6.3所示。简单分析一下该电路：P1.7～P1.4用于传输要显示的BCD码，P1.3～P1.0可选通各位CD4511的LE端。P1.7～P1.4传输的信号在LE端由高转低时被CD4511锁存并译码，输出的信号驱动共阴极LED。若译码器采用MC14495则可省去限流电阻R，这是因为MC14495内部带有驱动器和限流电阻R。

[例6.1] 编制一段程序，使该电路实现“1234”的静态显示。

例题分析：设要显示的“1”、“2”、“3”、“4”的BCD码存放在以DATA1为首的4个RAM单元的高4位，低4位已清0。BCD码可以直接从P1.7～P1.4输出。

```
            ORG     0010H
            MOV     R0,data1
            MOV     R1,#4
            MOV     R2,#00000001B
    LOOP:   MOV     P1,#00h
            MOV     A,R2
            ORL     A,@R0
            MOV     P1, A
            INC     R0
```

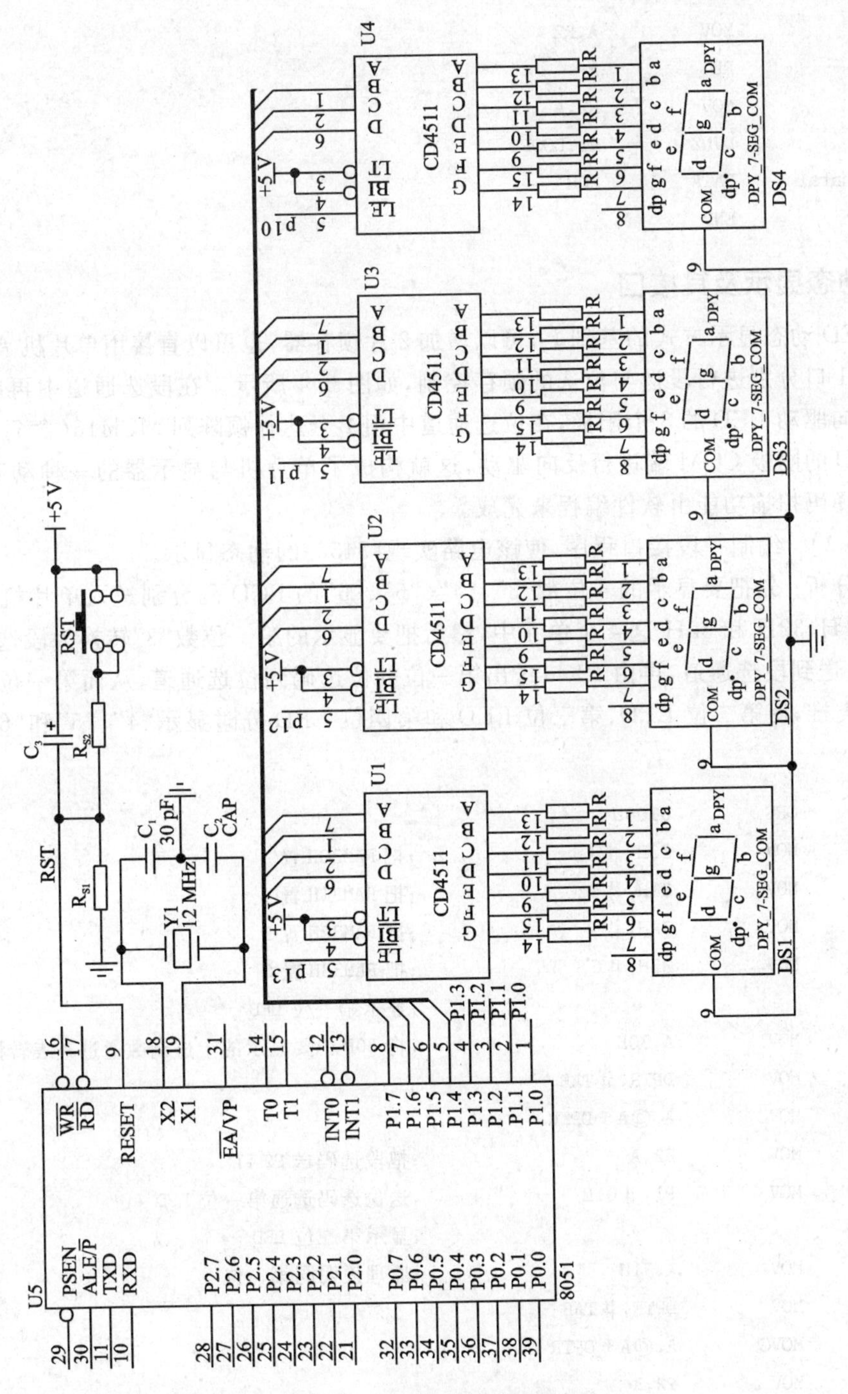

图 6.3　七段数码管静态显示

```
        MOV     A,R2
        RL      A
        MOV     R2,A
        DJNZ    R1,LOOP
data1   DATA    20H
        END
```

2. 动态显示及其接口

在LED动态显示方式的基础上，可以增加2片锁存器，也可以直接用单片机AT89C52的P2口与P1口分别进行段选与位选的锁存控制，如图6.4所示。在段选通道中再串有8个晶体管以正向驱动LED的8个阳极，在位选通道中用1个达林顿阵列MCl416(含7个复合晶体管)对LED的阴极COM端进行反向驱动，这就构成了单片机与显示器的一种动态接口电路实例。而译码扫描功能由软件编程来完成。

[例6.2] 编制一段接口程序，使该电路实现“3456”的动态显示。

例题分析：先把要显示的4位数“3”、“4”、“5”、“6”的BCD码分别送入单片机内部RAM的30H、31H、32H和33H这4个单元中，然后把要显示的第一位数“3”转换为段选码，通过单片机P2口送到段选通道，再由P1口送出第一位的位选码到位选通道，从而第一位LED显示“3”；依次类推，使第二位LED、第三位LED和第四位LED分时显示“4”、“5”和“6”。显示程序如下：

```
        ORG     0100H
START:  MOV     30H,#3          ;把RAM30H置3
        MOV     31H,#4          ;把RAM31H置4
        MOV     32H,#5          ;把RAM32H置5
        MOV     33H,#6          ;把RAM33H置6
DIS 1:                          ;显示第一位LED
        MOV     A,30H           ;将30H中要显示的十进制数通过查表转换为段选码
        MOV     DPTR,#TAB
        MOVC    A,@A+DPTR
        MOV     P2,A            ;把段选码送P2口
        MOV     P1,#01H         ;送位选码选通第一位LED
DIS 2:                          ;显示第二位LED
        MOV     A,31H           ;原理说明同第一位
        MOV     DPTR,#TAB
        MOVC    A,@A+DPTR
        MOV     P2,A
        MOV     P1,#02H
```

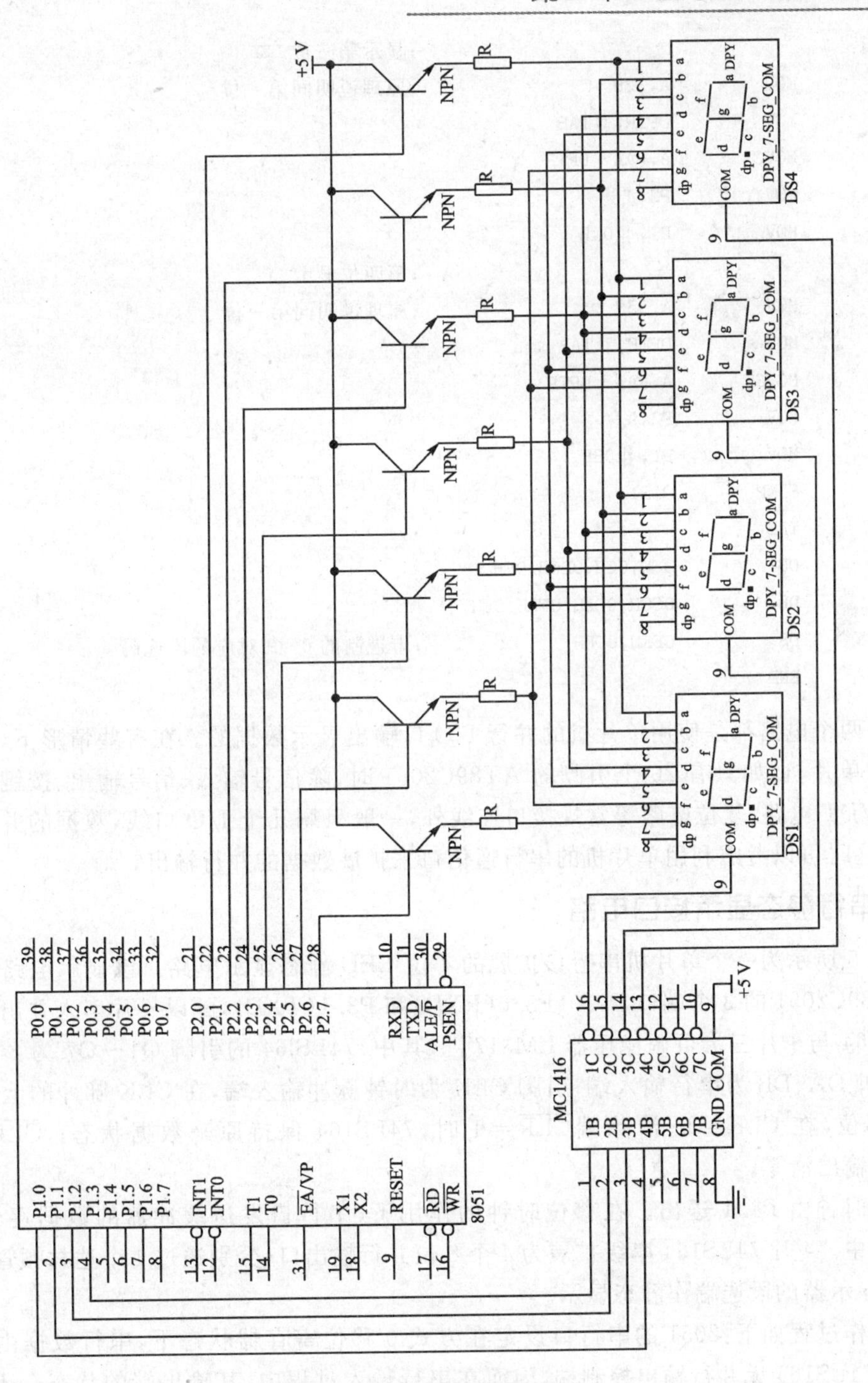

图6.4 七段数码管动态显示

```
DIS 3:                                  ;显示第三位 LED
        MOV     A,32H                   ;原理说明同第一位
        MOV     DPTR,#TAB
        MOVC    A,@A+DPTR
        MOV     P2,A
        MOV     P1,#04H
DIS 4:                                  ;第四位显示
        MOV     A,33H                   ;原理说明同第一位
        MOV     DPTR,#TAB
        MOVC    A,@A+DPTR
        MOV     P2,A
        MOV     P1,#08H
        SJMP    DIS1
        TAB:
        DB      3EH,0CH,0B6H,9EH
        DB      0CCH,0DAH,0FAH,0EH
        DB      0FEH,0DEH               ;十进制的 0～9 对应的段选码
        END
```

上述两个电路都是使用单片机的并行 I/O 口输出显示数据的。在有些情形下，特别是应用低档型单片机，如只有 20 个引脚的 AT89C2051 时，除信号输入、信号输出、按键输入以及看门狗 WDT 电路、复位电路等常规接口连线外，一般只剩几个 I/O 口线，数据的并行输出已不可能，这时可以考虑利用单片机的串行通信口来扩展数据的并行输出。

3. 串行静态显示接口电路

图 6.5 所示为一个单片机串行口扩展的 4 位 LED 静态显示电路。该显示电路只使用单片机 AT89C2051 的 3 个端口 P0.0、P3.0(RXD)和 P3.1(TXD)，配以 4 片串入并出移位寄存器 74LS164 与 1 片三端可调稳压器 LM317T。其中，74LSl64 的引脚 Q1～Q7 为 8 位并行输出端；引脚 DA、DB 为串行输入端；引脚 CLK 为时钟脉冲输入端，在 CLK 脉冲的上升沿作用下实现移位，在 CLK＝0、清除端 $\overline{CLR}$＝1 时，74LS164 保持原来数据状态；$\overline{CLR}$＝0 时，74LS164 输出清零。

移位时钟由 P3.1 送出。在移位时钟的作用下，串行口发送缓冲器的数据逐位地移入 74LS164 中。4 片 74LS164 串级扩展为 4 个 8 位并行输出口，分别通过 4 个达林顿管连接到 4 个 LED 显示器的段选端作静态显示。

其工作过程如下：2051 的串行口设定在方式 0 移位寄存器状态下，串行数据由 P3.0 发送，由于 74LS164 无并行输出控制端，因而在串行输入过程中，其输出端的状态会不断变化，造成LED字段不应有的闪烁。一般可在74LS164的输出端加接4片锁存器或三态门，也可

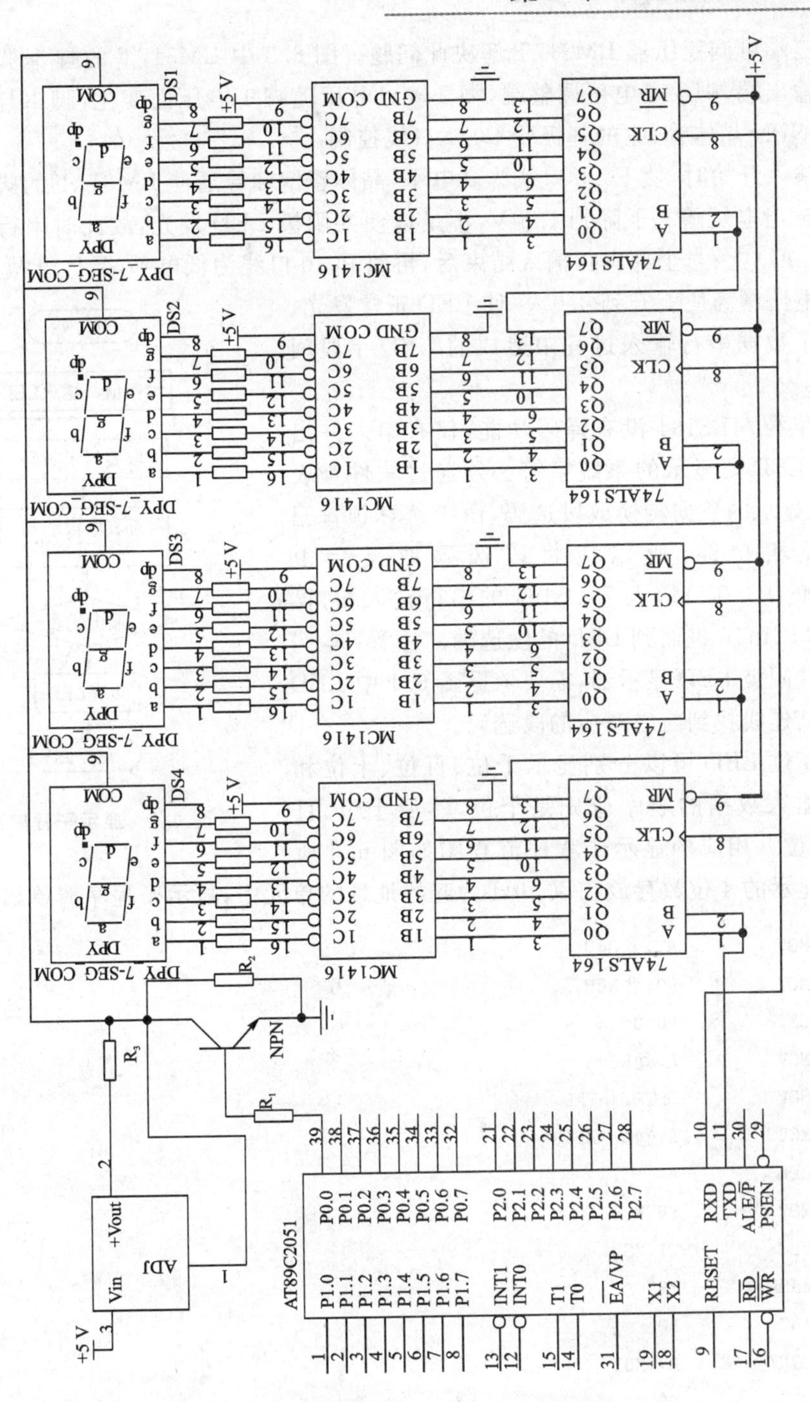

图6.5 串行口扩展的4位LED静态显示电路

以采用1片三端可调稳压器LM317T解决此问题。图6.5中LM317T的脚3、脚2分别是电压输入端和输出端，脚1是电压调整端，脚2输出电压随脚1电压而变化，脚1与接地电阻之间并联一个NPN晶体管，它的基极受P0.0口线控制。

当串行输入开始时，使P0.0口线为高电平，晶体管饱和导通使LM317T的脚1电压约为0.3 V，脚2输出电压随之下降到1.5 V，不足以使共阳极LED发光，故此时串行输入的影响不会反映到LED上；当全部串行输入结束后，再使P0.0口线为低电平，晶体管截止，脚2输出电压因脚1电压增高便上升到2.0 V，使LED正常发光。这样就消除了数据串行输入过程中造成的LED字段闪烁现象。

移位寄存器74LS164没有译码功能，仅有串入并出作用。因此，LED要显示的系统字符必须通过软件查表译码法，使要显示的数据转换成段选码，由于达林顿管驱动器具有反相功能，所以应将段选码取反后由AT89C2051的P3.0口送入74LS164的串行输入端，再并行输出到MC1416进而到LED的段选端。注意：本例中采用的是共阳极LED显示器，需要依据图6.1中LED的段排列及其连线找到与之对应的段选码。

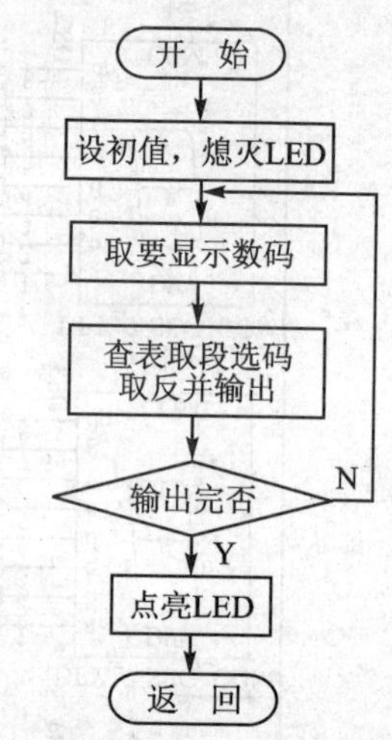

图6.6 显示子程序流程图

电路中4位LED可以分别显示千位、百位、十位和个位。串行输入数据的顺序应先是个位，然后十位、百位，最后为千位。相应的显示子程序流程图如图6.6所示。假设要显示的4位数存放在以30H为起始地址的单元中，显示子程序清单如下：

```
        MOV     R7,#04H
        MOV     R0,#30H
        SETB    P0.0
XS1:    MOV     A,@R0
        MOV     DPTR,#TAB
        MOVC    A,@A+DPTR
        CPL     A
        MOV     SBUF,A
XS2:    JBC     TI,XS3
        AJMP    XS2
XS3:    INC     R0
        DJNZ    R7,XS1
        CLR     P0.0
        RET
```

```
TAB     DB      0C0H,0F9H,0A4H,0B0H
        DB      99H,92H,82H,0F8H,80H
        DB      90H
```

4. 点阵显示及其接口

5×7点阵可显示ASCⅡ码字符，也可以将多个5×7点阵显示器拼成能显示国标一级汉字、二级汉字、西文、数字和字符。

下面简要介绍5×7点阵显示器与单片机的接口。

若要在5×7点阵显示器中显示字母“B”，则其内部情况如图6.7所示。

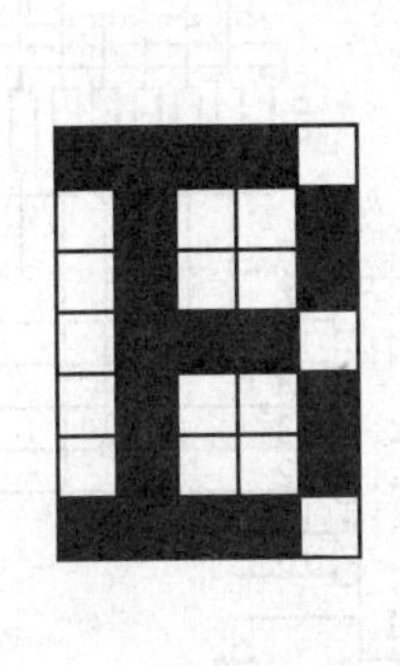

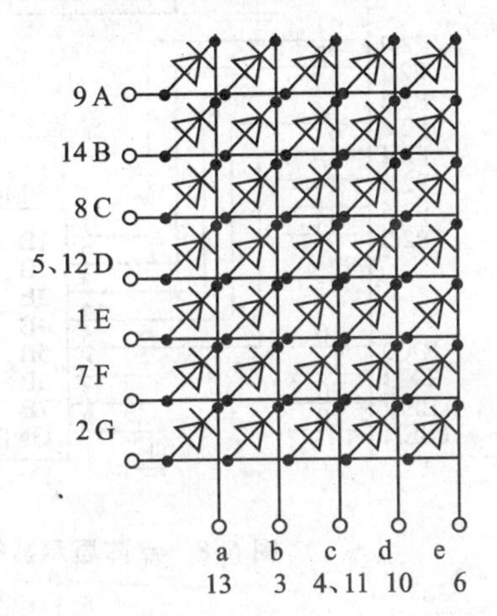

图6.7　点阵显示内部原理

第一步：首先使a引脚（即13引脚）为低电平，b、c、d、e引脚为高电平，通过语句“MOV　P2，#11100001B”实现（注意：MC1416具有反向功能），然后在连接P0口的A、B、C、D、E、F、G引脚中使A、G引脚为高电平，B、C、D、E、F引脚为低电平，通过语句“MOV　P0，#10111110B”可实现，延时几毫秒(ms)；

第二步：使b引脚（即3引脚）为低电平，a、c、d、e为高电平，通过语句“MOV　P2，#11100010B”可实现，然后使P0口的A、B、C、D、E、F、G引脚全部为高电平，通过语句“MOV　P0，#10000000B”可实现延时几毫秒(ms)。

以此类推，反复扫描，动态显示，可完成字母“B”的显示。

图6.8所示硬件电路就是用这种方法对5×7点阵显示器进行显示控制。这种方法占用的CPU资源较多，目前有专用汉字、字母、字符显示芯片，能自动对各引脚进行扫描，可大大减少对CPU的占用时间。

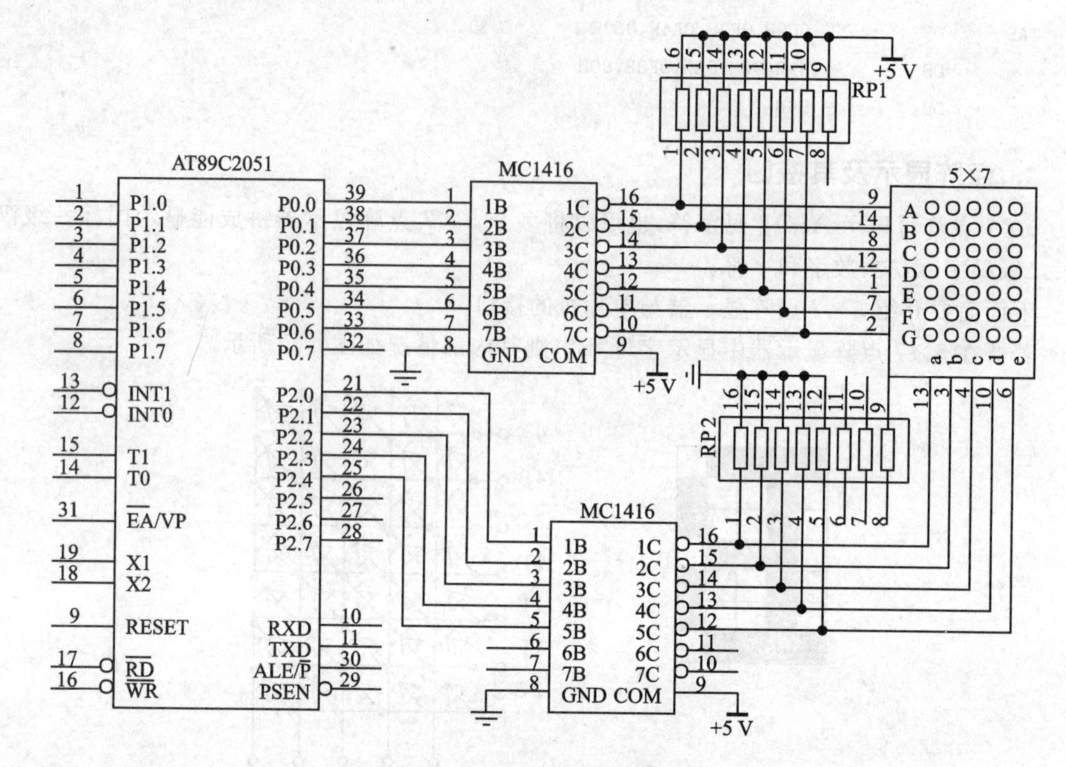

图 6.8　点阵显示器接口电路

6.2　LCD 液晶显示器接口

LCD 液晶显示器是一种利用液晶的扭曲/向列效应制成的新型显示器，它具有功耗极低、体积小、抗干扰能力强、价格廉等特点，目前已广泛应用在各种显示领域，尤其在袖珍仪表和低功耗应用系统中，LCD 已成为一种占主导地位的显示器件。

6.2.1　液晶显示器的性能特点

(1) 液晶显示器属于被动发光型显示器件，它本身不发光，只能反射或透射外界光线，因此环境亮度愈高，显示愈清晰。其亮暗对比度可达 100:1。

(2) 驱动电压低(一般为 3～6 V)，驱动电流小(几微安(μA))，微功耗(几至几十微瓦(μW))，能够用 CMOS、TTL 电路直接驱动。

(3) 必须采用交流驱动方式，驱动电压波形为不含直流分量的方波或其他较复杂波形，频率范围为 30～300 Hz。分静态驱动(方波驱动)和动态驱动(时分割法驱动)两种，后者是将 LCD 上的笔段分成若干组，再使各组笔段轮流显示。假若采用直流电压驱动，就会使液晶材料发生电解，产生气泡，寿命缩短到 500 h 以下，仅为正常使用寿命的 1/10～1/40。

(4) 体积小，质量轻，像素尺寸小，分辨率高。颜色分单色(黑白)、彩色两种。为便于夜间观察，可采用由 LED 或 ELD 器件构成的背景光源。

(5) 响应速度较慢，工作频率低，工作温度范围较窄(通常为 0～50 ℃)。温度过高，液晶会发生液化甚至气化，温度低于 0 ℃则会发生固化，这两种情况都会降低寿命。此外还应避免在强烈日光下使用而导致早期失效(液晶屏变黑)。

6.2.2 典型产品

表 6.2 中列出了部分国产 LCD 的一些参数。

其中，YXY3504 型 $3\frac{1}{2}$位的外形如图 6.9 所示。

液晶显示器一般通过导电胶条与驱动电路相连。

表 6.2 数字仪表专用 LCD 典型产品

国产型号	显示位数	字高/字宽 /mm	外形尺寸 (长×宽) /mm×mm	驱动方式	连接方式	国外型号
YXY3504	$3\frac{1}{2}$	9/4.5	50.8×22.86	静态	导电橡胶	LD-B722
YXY4501	$4\frac{1}{2}$	9/4.5	50.8×22.86	静态	导电橡胶	LD-B724
YXY6002	6	12/16	69.8×30.5	静态	导电橡胶 接插件	LD-B718

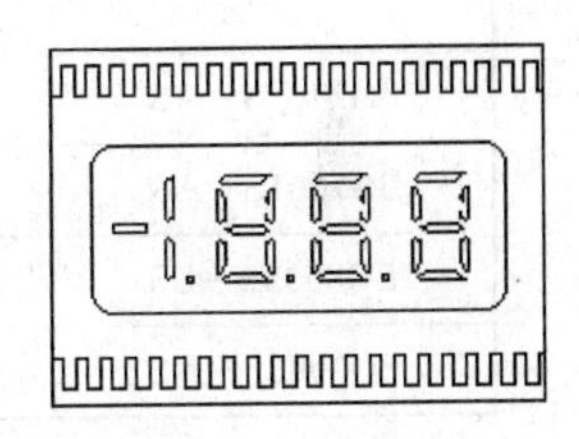

图 6.9 YXY3504 型 LCD 的外形

6.2.3 液晶点阵显示器

液晶点阵显示器是近年来迅速发展起来的新型显示器件，它是以微型液晶为像素，按照行与列的形式排列组合而成的。

液晶点阵显示器具有分辨率高(像素尺寸最小可达 0.28 mm×0.28 mm)、显示清晰、功耗低、体积小、重量轻等优点，适用于智能仪器、笔记本电脑、手机和彩色电视。目前，PC 机的显示器以及彩电的显像管，正逐步被液晶点阵显示器等新型显示终端所取代。

液晶点阵分字符点阵和图形点阵两种。在字符点阵中又分通用型和专用型。表 6.3 列出了 4 种通用型 LCD 点阵的产品规格，图 6.10 所示为 EG8002B-LS 的外形及像素结构。液晶点阵需配专用驱动器或者驱动模块，可由单片机的 CPU 进行控制，构成 LCD 智能显示屏。

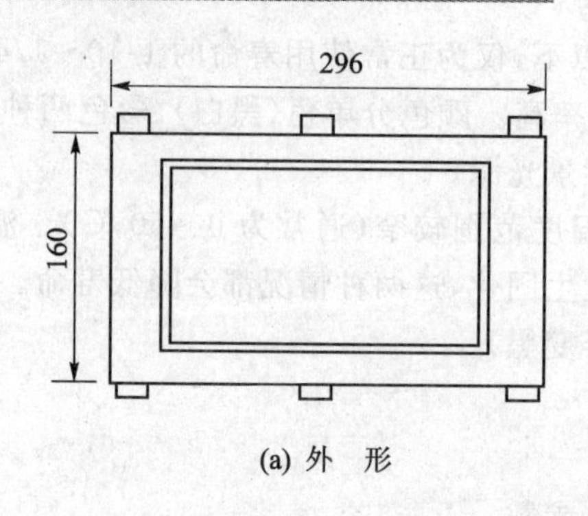

(a) 外　形

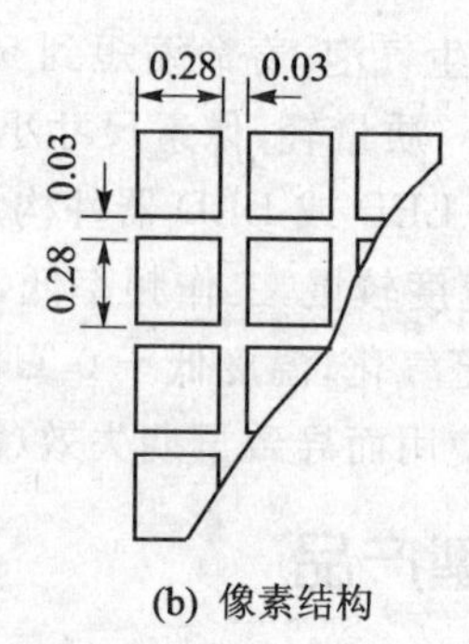

(b) 像素结构

图 6.10　EG8002B－LS 型 640×400 液晶点阵

表 6.3　4 种通用型 LCD 点阵产品规格

国外型号	点阵规格	像素尺寸 /mm×mm	外形尺寸 /mm×mm×mm	占空比	工作电压/V
BG2402S－AR	240×64	0.58×0.82	205×92×13	1/64	5
BG7001S－AR	640×200	0.35×0.35	280×116×16.5	1/100	5
BG8002B－LS	640×400	0.28×0.28	296×160×25	1/200	5
BG9005F－NS	640×480	0.29×0.29	309×197×14	1/242	5

6.2.4　LCD 显示器驱动方式

LCD 的驱动方式一般有直接驱动(静态驱动)和多极驱动(时分割驱动)两种方式。采用直接驱动的 LCD 电路中,显示器件只有一个背极,但每个字符段都有独立的引脚;而多极驱动的 LCD 电路中,显示器具有多个背极,各字符段按点阵结构排列,这是显示字段较多时常采用的驱动方式。

现以较简单的直接驱动方式为例来进一步说明。图 6.11 所示为单个字符段的驱动电路及工作波形。图中 LCD 为液晶显示字段,两个电极的关系为 $Z=X\oplus Y$,即当字段上两个电极 X、Y 的电压相位相同时,两电极的电位差为零,Z 为 0,该字段不显示;当字段上两个电极的电压相位相反时,两电极的电位差为单个电极电压幅值的 2 倍,该字段显示黑色。由于直流电压驱动 LCD 会使液晶产生电解和电极老化,所以要采用交流电压驱动。一般把 LCD 的背极(公共端 COM)连到一个“异或”门的输入端 X,LCD 的另一极连接“异或”门的输出端 Z,工作时 X 端加频率固定的方波信号,当控制端 Y=0 时,经“异或”后,Z 端的电压将永远与 X 端相同,则 LCD 极板间的电位差为零,字段消隐不显示。当控制端 Y=1 时,Z 端与 X 端电压反相位,则 LCD 极板间呈现反电压 V_{XZ},且为电压幅值的 2 倍,此时字段显示。由此可见,该字段是否显示完全取决于控制端 Y。

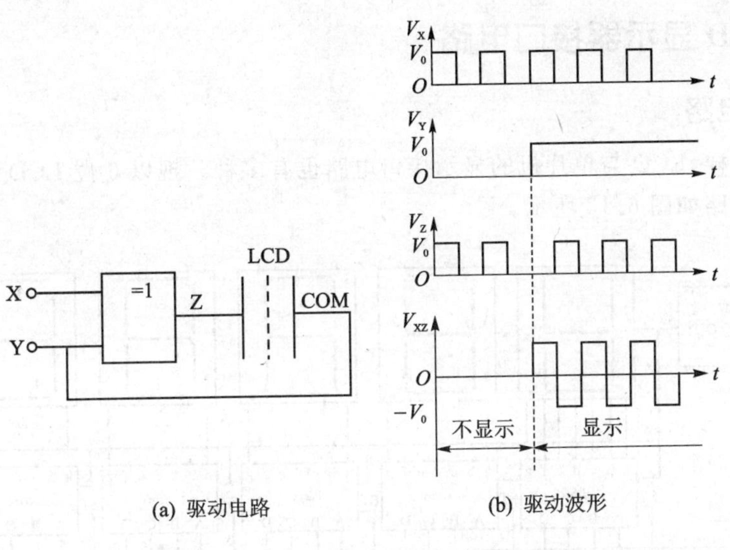

图 6.11 单个字符段驱动电路和波形

图 6.12 所示为七段液晶显示器的电极配置及译码驱动电路，7 个字段的几何排列顺序与 LED 的“日”字形相同。A、B、C、D 为二进制 BCD 码的输入端，译码器的 7 段输出 a、b、c、d、e、f、g 引脚分别接 7 个字段驱动电路的控制端 Y，公共端 COM 接一定周期的方波信号。七段 LCD 的译码驱动及数字显示如下说明。

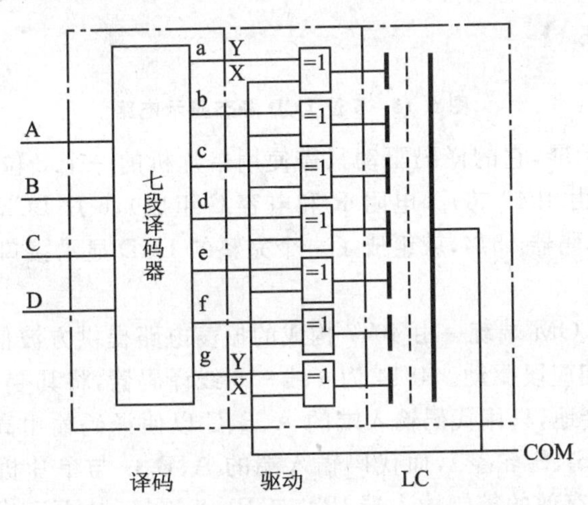

图 6.12 七段液晶显示器译码驱动电路

当 D、C、B、A 输入端接收到的 BCD 码为 0000 时，译码输出的七段 a、b、c、d、e、f、g 分别为 1111110。由图 6.12 可知，当控制端为 1 时，与 COM 端(该端接方波信号)“异或”为 1，字段显示，因而除了 g 字段不显示外，其余 6 个字段全都显示，即显示字符 0。

6.2.5　LCD 显示器接口电路

1. 硬件电路

同 LED 一样，LCD 与单片机的显示接口电路也有多种。现以 6 位 LCD 静态显示电路为例来说明，其电路如图 6.13 所示。

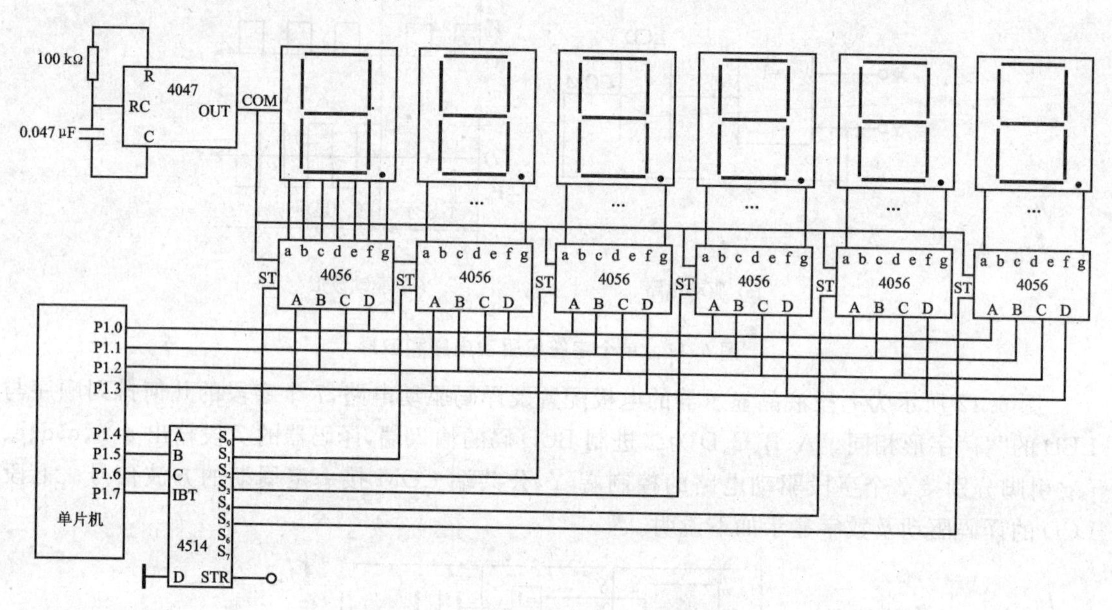

图 6.13　6 位 LCD 静态显示电路

LCD 采用 6 位显示屏，它的译码驱动只需使用单片机的一个 8 位并行 I/O 口，配上 1 片单稳多谐振荡器电路（由 4047 芯片、电阻 R 和电容 C 组成）、6 片 BCD 七段译码驱动器 4056 以及 1 片 4 线-16 线译码器 4514，就组成了一个完整的 LCD 显示接口电路（在此电路中液晶的小数点不显示）。

6 个 LCD 的背极 COM 端统一由 4047 构成的振荡电路提供方波信号，7 段 a、b、c、d、e、f、g 分别由 6 个 4056 的相应段驱动。4514 为 4 线-16 线译码器，将其变 3 线-8 线译码器使用，本例将代码输入端 D 接地，只用代码输入端的 A、B、C 以使译码输出高电平有效的 S_0～S_7 引脚轮流选通 6 个 4056（S_6、S_7 轮空），而代码输入端的 A、B、C 与单片机的引脚 P1.4、P1.5 和 P1.6 相连，也是高电平有效的控制输入端 IBT 与 P1.7 连接，从而完成高电平输出的 3 线-8 线译码功能。4056 的 4 位输入 BCD 码由单片机的 P1.3、P1.2、P1.1 和 P1.0 提供。这样，由单片机 P1 口的低 4 位输出 LCD 的段选码而由高 4 位输出位选码。

由于 4056 的锁存输出功能，因此称该电路为静态显示电路。为了与液晶显示的低功耗相适应，全部芯片皆选用 CMOS 器件。

2. 程序框图

6 位 LCD 静态显示程序框图如图 6.14 所示。

3. 显示程序

设单片机内 RAM 的 20H～25H 这 6 个单元为显示缓冲区，每个单元字节的低 4 位依次存放要显示的 4 位 BCD 码，相应的显示驱动子程序如下：

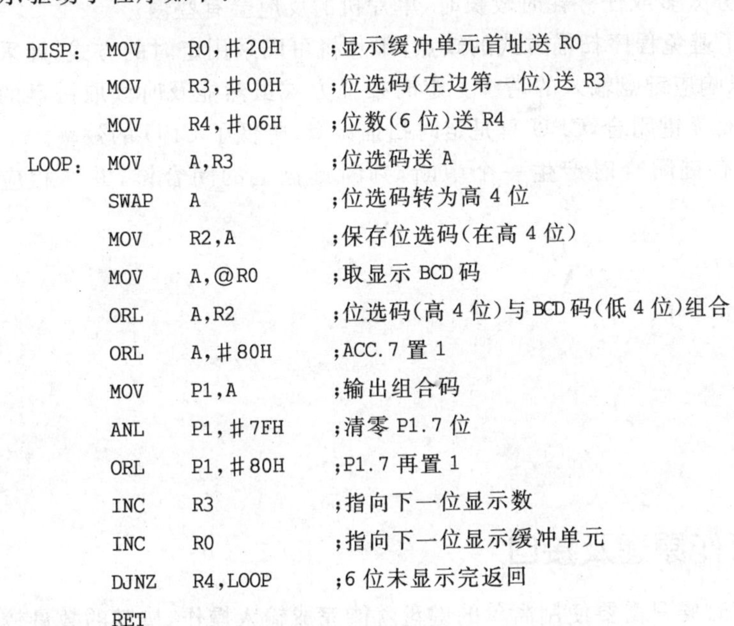

```
DISP:  MOV   R0,#20H     ;显示缓冲单元首址送 R0
       MOV   R3,#00H     ;位选码(左边第一位)送 R3
       MOV   R4,#06H     ;位数(6 位)送 R4
LOOP:  MOV   A,R3        ;位选码送 A
       SWAP  A           ;位选码转为高 4 位
       MOV   R2,A        ;保存位选码(在高 4 位)
       MOV   A,@R0       ;取显示 BCD 码
       ORL   A,R2        ;位选码(高 4 位)与 BCD 码(低 4 位)组合
       ORL   A,#80H      ;ACC.7 置 1
       MOV   P1,A        ;输出组合码
       ANL   P1,#7FH     ;清零 P1.7 位
       ORL   P1,#80H     ;P1.7 再置 1
       INC   R3          ;指向下一位显示数
       INC   R0          ;指向下一位显示缓冲单元
       DJNZ  R4,LOOP     ;6 位未显示完返回
       RET
```

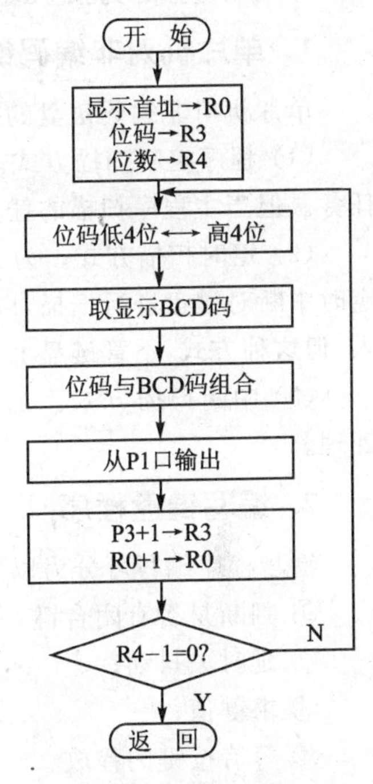

图 6.14　6 位 LCD 静态显示

除上面介绍的七段或八段 LCD 显示器之外，还有点阵式 LCD 显示器件。点阵式 LCD 不但可以显示字符，而且可以显示各种图形及汉字。现在，随着液晶技术的发展，液晶显示器的质量有了很大的提高，品种也不断推陈出新，不但有各种规格的黑白液晶显示器，而且还有绚丽多彩的彩色液晶显示器。在点阵式液晶显示器中，把控制电路与液晶点阵集成在一起，组成一个显示模块，可与 8 位单片机接口连接。

6.3 键盘接口技术

键盘是输入设备，操作人员可以通过键盘向单片机输入参数、功能选择、指令及其他控制命令。键盘分为编码键盘和非编码键盘。由于非编码键盘硬件开销小，电路简单，因此单片机控制系统中常用非编码键盘。

6.3.1 非编码键盘

非编码键盘分为独立式键盘和矩阵键盘。

1. 单片机对非编码键盘的控制方式

单片机对非编码键盘的控制有以下 3 种方式:

(1) 程序控制扫描方式。这种方式就是在主程序循环扫描各任务的中间加入键盘扫描的任务。但当主程序扫描的任务太多或任务耗时较长时,单片机的反应会有些慢。

(2) 定时扫描方式。为了避免程序扫描方式的缺点,单片机可以采用定时的方式,即采用定时中断对键盘进行扫描,以响应键盘输入的请求。定时扫描方式虽然能及时读取键盘的输入,但这种方式,不管键盘上有无键闭合,CPU 总是定时扫描键盘,降低了 CPU 的效率。

(3) 中断扫描方式。当有键闭合时产生一个中断,判断键盘上的闭合键,并作相应的处理。

2. 编写键盘程序

键盘程序编写可分为以下 4 步:

① 判断是否有闭合键;

② 延时去抖动;

③ 求键值;

④ 等待按键的释放。

6.3.2 独立式键盘工作原理及接口

在单片机应用系统中,有时候只需要使用简单的键盘就能完成输入操作,按键的数量较少可采用独立式键盘,如图 6.15 所示。此接口电路的按键一端接地,另一端接 CPU 的口线和一个拉高电阻。

平时无键按下时,各端口均为高电平。当某键按下时,相应的输入线为低电子。CPU 查询此输入口的状态就可知是哪个键闭合。当按键的数目增加时,将增加输入口线。为了减少输入口线,可采用矩阵键盘。

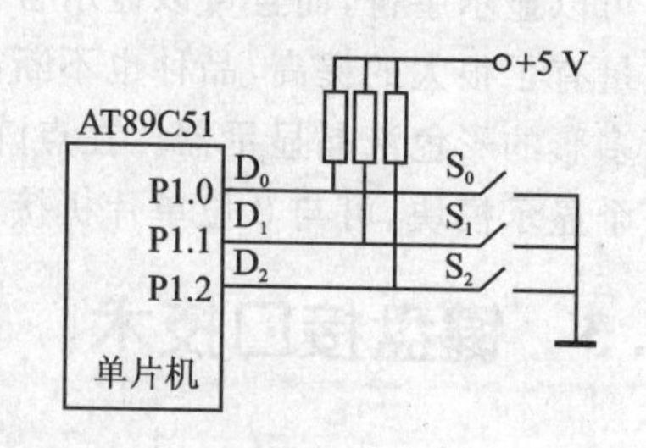

图 6.15 独立式键盘结构

注意:由于机械触点的弹性振动,按键在按下时不会马上稳定地接通,而在弹起时也不能立即完全断开,因而在按键闭合和断开的瞬间均会出现一连串的抖动,这称为按键的抖动干扰。其产生的波形如图 6.16 所示。当按键按下时会产生前沿抖动,当按键弹起时会产生后沿抖动。这是所有机械触点式按键在状态输出时的共性问题,抖动的时间长短取决于按键的机械特性与操作状态,一般为 10～100 ms,这是键处理设计时要考虑的一个重要参数。

下面介绍中断方式键盘管理。

仍以3个按键为例，如图6.17所示独立式键盘中断法接口电路。按键S_0、S_1、S_2的数据输出线在共同经过一个"与"门后与AT89C51单片机的外部中断请求信号输入端$\overline{INT0}$相连，以保证任意一个按键按下时，即可向CPU提出中断申请，CPU响应中断后执行键盘中断服务子程序。显然，CPU对按键而言是被动方式，在无键按下时不占用CPU时间。

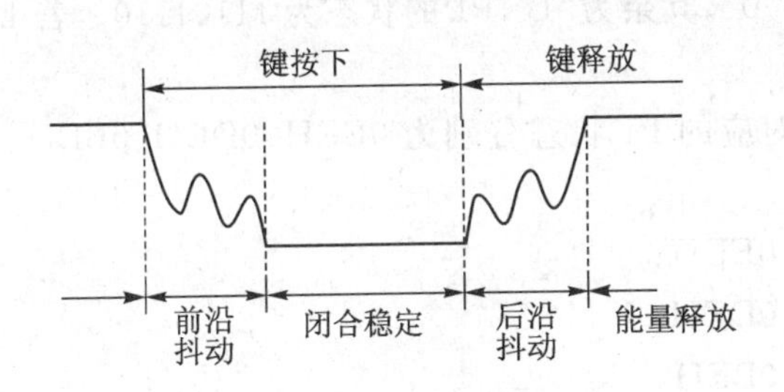

图6.16 按键的抖动干扰

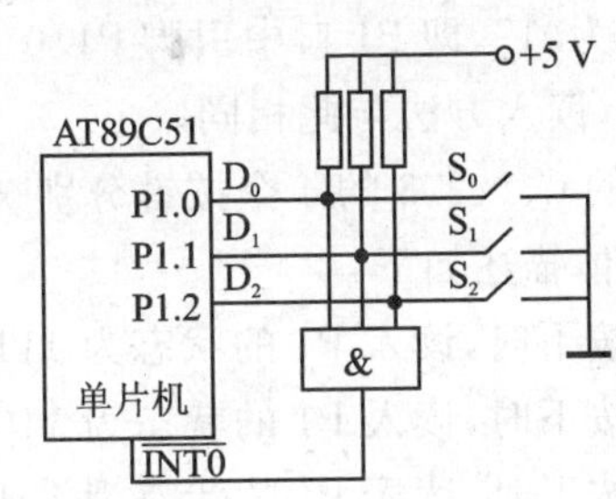

图6.17 独立式键盘结构

注意：在图6.16所示的电路中，任何一个按键的抖动都将造成一次中断，因此当中断服务程序执行完毕、返回主程序之前，必须保证3个按键稳定地处于断开状态，否则可能出现按一次按键却多次进入按键服务子程序的情况。处理此问题的方法是：当按键服务子程序执行时间较短、小于一次按键的时间时，应延时退出服务子程序，在退出中断服务程序之前，必须用软件清除外部中断源$\overline{INT0}$的中断请求标志"IE0"(CLR IE0)。

上述分析说明：独立式键盘接口电路简单，软件程序也简单易写，但每个按键必须占用一根I/O口线，在按键数量较多时，需要占用单片机较多的I/O口线。比如20个按键，需要有10个I/O口线，而且查询按键的时间也较长。因此，这种键盘电路只适用于按键数量比较少的小型控制系统或智能控制仪表。

6.3.3 矩阵键盘的工作原理及接口

为了节省I/O口线，经常采用矩阵键盘。下面以图6.18所示的简单矩阵式键盘(行线和列线没有交叉点)为例进行介绍。

首先把所有按键按照顺序编号：0行与0列交叉处的按键为0键；0行与1列交叉处的按键为1键；与2列交叉处的按键为2键；与3列交叉处的按键为3键；1行与0列交叉处的按键为4键；以此类推，位于右下角的最后一

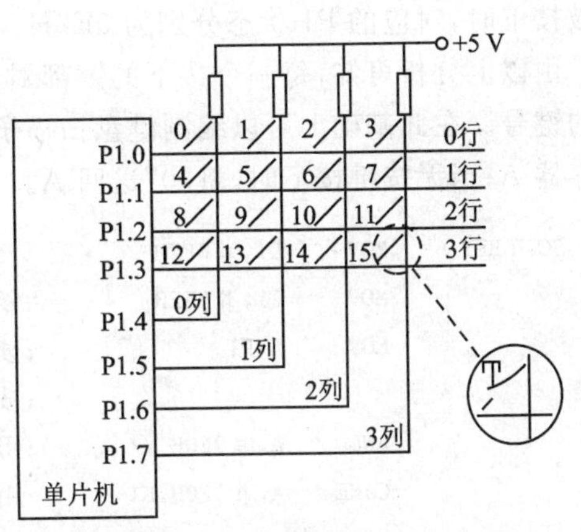

图6.18 简单矩阵式键盘扫描电路

个即3行与3列交叉处的按键为15键。

这里采用行扫描法，即P1.0～P1.3为行输出线，分时逐行输出“0”。P1.4～P1.7为列输入线，当P1.0～P1.3分时逐行输出“0”时，通过读入P1的状态，可测出是哪一行、哪一列按键按下。

具体分析如下。

第一步：将P1口置“1”，然后令P1.0输出“0”时，若0键被按下，其所在的0列线为“0”，其余列线为“1”，即P1口中引脚P1.0和P1.4为“0”，其余为“1”，P1的状态为11101110。若1键被按下，读入方法与此相同。

0行的0、1、2、3的4个按键分别被按下时，对应的P1状态分别为0EEH、0DEH、0BEH、7EH。具体描述如下：

0键按下时，读入P1的状态为11101110，即0EEH；

1键按下时，读入P1的状态为11011110，即0DEH；

2键按下时，读入P1的状态为10111110，即0BEH：

3键按下时，读入P1的状态为01111110，即7EH。

第二步：当P1.1输出“0”时，P1.1所在的1行的0、1、2、3列的4个按键分别被按下时，对应的P1状态分别为0EDH、ODDH、OBDH、7DH。具体描述如下：

4键按下时，读入P1的状态为11101101，即0EDH；

5键按下时，读入P1的状态为11011101，即0DDH；

6键按下时，读入P1的状态为10111101，即0BDH；

7键按下时，读入P1的状态为01111101，即7DH。

第三步：当P1.2输出“0”时，P1.2所在的2行的0、1、2、3列的4个按键8、9、10、11分别被按下时，对应的P1状态分别为0EBH、0DBH、0BBH、7BH。

第四步：当P1.3输出“0”时，P1.3所在的3行的0、1、2、3列的4个按键12、13、14、15分别被按下时，对应的P1状态分别为0E7H、0D7H、0B7H、77H。

由以上分析可知，每一个按下的键都对应着不同的P1状态，读入P1状态就能识别出按下的键号。在此基础上可以编制键盘扫描子程序：当有键按下时，将该键对应的P1状态送回寄存器A；当无按键按下时，将“0”送回A。参考程序如下：

```
SCAN KEY:   MOV     P1,#0FFH
            MOV     P1,#0FEH        ;零扫描0行，即P1口输出11111110
            MOV     A,P1            ;读入P1口，以下两条指令为判断0行是否有某一列的键
                                    ;被按下
            ANL     A,#0F0H         ;用数11110000相“与”，保留高4位即列输入P1.7～P1.4
            CJNE    A,#0F0H,K1      ;用1111比较高4位，若不相等则有键按下，转去进行键消
                                    ;抖处理；若相等则无键按下，执行下一条指令
```

```
         MOV     P1,#0FDH         ;零扫描 1 行,即 P1 口输出 11111101
         MOV     A,P1             ;判断 1 行是否有某一列的键被按下
         ANL     A,#0F0H
         CJNE    A,#0F0H,K1       ;若有,则转去进行键消抖处理
         MOV     P1,#0FBH         ;扫描 2 行
         MOV     A,P1             ;判断 2 行是否有某一列的键被按下
         ANL     A,#0F0H
         CJNE    A,#0F0H,K1       ;若有,则转去进行键消抖处理
         MOV     P1,#0F7H         ;扫描 3 行
         MOV     A,P1             ;判断 3 行是否有某一列的键被按下
         ANL     A,#0F0H
         CJNE    A,#0F0H,K1       ;若有,则转去进行键消抖处理
         MOV     A,#0             ;若无键按下,则 A 中返回"0"
         RET
K1:      LCALL   DELY 100ms       ;延时 100 ms,消抖
         MOV     A,P1             ;消抖时间过后,再判断是否有键按下
         ANL     A,#0F0H
         CJNE    A,#0F0H,K2       ;若有键按下,则转去将 P1 状态送 A 返回
         MOV     A,#0             ;若无键按下,则 A 中返回"0"
         RET                      ;返回
K2:      MOV     A,P1             ;有键按下,将 P1 状态送 A
         RET                      ;返回
```

根据读入 A 中的状态,与事先存放在寄存器中的各个键按下对应的信息比较,即可识别出该键号。

习题 6

1. 键盘为什么要防止抖动?在单片机控制系统中如何实现防抖?

2. 多位 LED 显示器显示方法有几种?它们各有什么特点?

3. LCD 与 LED 显示原理有什么不同?这两种显示方法各有什么优缺点?

4. 在 LED 显示中,硬件译码和软件译码的根本区别是什么?如何实现?

5. 试用 8255A 的 C 口设计一个 4×4=16 的键阵列,其中 0~9 为数字键,A~F 为功能键,采用查询方式,设计一个接口电路,并编写键扫描程序。

参考文献

[1] 潘新民,王燕芳.微型计算机控制技术[M].北京:电子工业出版社,2003.

[2] 潘新民,王燕芳.微型计算机控制技术[M].北京:人民邮电出版社,1999.

[3] 林敏.计算机控制技术与系统[M].北京:中国轻工业出版社,1999.

[4] 徐爱卿,孙涵芳.MCS-51单片机原理及应用[M].北京:北京航空航天大学出版社,1987.

[5] 俞光昀,陈战平,季菊辉.计算机控制技术[M].北京:电子工业出版社,2002.

[6] 台方.微型计算机控制技术[M].北京:中国水利水电出版社,2001.

[7] 何立民.单片机应用文集[M].北京:北京航空航天大学出版社,1991.

[8] 于海生.微型计算机控制技术[M].北京:清华大学出版社,1999.

[9] 韩全力,赵德申.微机控制技术及应用[M].北京:机械工业出版社,2002.

[10] 余永权.ATMEL89系列单片机应用技术[M].北京:北京航空航天大学出版社,2002.

[11] 张春光.微型计算机控制技术[M].北京:化学工业出版社,2002.

[12] 孙德辉,郑士富,等.微型计算机控制系统[M].北京:北京冶金工业出版社,2002.

[13] 涂时亮,张友德.单片微机控制技术[M].上海:复旦大学出版社,1994.

[14] 胡汉才.单片机原理及接口技术[M].北京:北京航空航天大学出版社,1993.

[15] 杨宁.微机控制技术[M].北京:高等教育出版社,2001.

[16] 顾滨.单片微计算机原理、开发及应用[M].北京:高等教育出版社,2000.

[17] 周小林.过程控制系统及仪表[M].大连:大连理工大学出版社,1999.

[18] 黄贤武.传感器实际应用电路设计[M].成都:电子科技大学出版社,1997.